Jörg Sczepek

*Photo*Wissen
Naturwissenschaften und Psychologie für Photographen

4 Visuelle Schärfe

NaturWissenschaft
+Photographie

Impressum

© 2011 Jörg Sczepek
Alle Rechte vorbehalten

Herstellung und Verlag:
Books on Demand GmbH, Norderstedt

ISBN 9783842337558

Die Wiedergabe von Gebrauchsnamen, Handelsnamen, Warenbezeichnungen usw. in diesem Buch berechtigen auch ohne besondere Kennzeichnung nicht zu der Annahme, daß solche Namen im Sinne der Warenzeichen- und Markenschutzgesetzgebung als frei zu betrachten wären und daher von jedem benutzt werden dürften.

Text und Abbildungen dieses Buches wurden mit größter Sorgfalt erarbeitet. Verlag und Autor können jedoch für eventuell verbliebene fehlerhafte Angaben und deren Folgen weder eine juristische Verantwortung noch eine wie auch immer geartete Haftung übernehmen.

Soweit nicht ausdrücklich anders angegeben beziehen sich Brennweitenangaben auf das volle Kleinbildformat 24x36 mm und Belichtungswerte auf ASA 100.

„Die Rechtschreibreform führt zur Verflachung der deutschen Sprache und ist ein kostspieliger Unsinn" (Siegfried Lenz, 1996). Dieser Kritik und dem „Frankfurter Apell" schließt sich der Autor dieses Buches an und bleibt bei jenen Regeln, die als „alte Rechtschreibung" bekannt sind.

Inhaltsverzeichnis

Einleitung 5

1. Schärfe-Wahrnehmung
Standortbestimmung – Was ist visuelle Schärfe 8
   Das Auflösungsvermögen des visuellen Systems 11
      Die Beugung als physikalische Einschränkung 12
      Die Anordnung der Fotorezeptoren auf der Netzhaut 15
      Die neuronale Verschaltung der Fotorezeptoren 18
      Die Qualität der Augenoptik 19
      Die Helligkeit 21
      Der Kontrast 23
      Die Farbe 28
      Das Gesamtauflösungsvermögen des visuellen Systems 28
   Die Konturenschärfe 32

2. Abbildungsschärfe I: Optik, geometrische Schärfe und Schärfentiefe
Der Fokus – Echte geometrische Schärfe gibt's nur in einer Ebene 36
Zerstreuungskreis und Schärfentiefe –
   Wahrgenommene Schärfe erstreckt sich über mehr als eine Ebene 39
Geometrie und Berechnung der Schärfentiefe 43
   Schärfentiefe und Blende 48
   Schärfentiefe und Aufnahmeentfernung 51
   Schärfentiefe und Brennweite 54
   Schärfentiefe und Fokuspunkt 59
   Schärfentiefe und Aufnahmeformat 65
Abschätzen der Schärfentiefe bei der Aufnahme 69
Zwischen Aberration und Beugung –
   Nicht jede Blende ist eine gute Blende 74
Zwischenruf - Der rechnerisch kurze Weg zum scharfen Bild 85

Inhaltsverzeichnis

3. Abbildungsschärfe II: Das Auflösungsvermögen der photographischen Komponenten und des Bildes
Die Kontrastübertragungsfunktion (MTF) –
Das zentrale Element zur Bestimmung des Auflösungsvermögens 92
Das Auflösungsvermögen der Optiken 95
Das Auflösungsvermögen der analogen Bildträger 99
Das Auflösungsvermögen der elektronischen Bildträger 101
    Informationstheorie – Die grundlegende Beschränkung 101
    Der Kell-Faktor und das theoretisch maximale Auflösungsvermögen 104
    Das Auflösungsverhalten bei farbigen Strukturen 105
    Kleinere Pixel = höheres Auflösungsvermögen? 109
Das Auflösungsvermögen der digitalen Ausgabegeräte 110
    Tintenstrahldrucker 110
    Laserbelichter 113
    Thermosublimationsdrucker 113
Die Gesamtauflösung eines Abbildungssystems 114
Auflösungsvermögen, Betrachtungsabstand und Printgröße 116
Praktische Bewertung der Aufnahmesysteme 122

4. Abbildungsschärfe III: Die Kantenschärfe
Methoden der Kantenschärfung 126
    Größere Kantenschärfe durch bessere Aufnahmetechnik 126
    Größere Kantenschärfe durch aktive Bildgestaltung 128
    Größere Kantenschärfe durch „scharfe Entwicklung" 130
    Größere Kantenschärfe durch analoges Unscharf Maskieren 132
    Größere Kantenschärfe durch digitales Unscharf Maskieren 134

5. Anhang
Anmerkungen 142
Literaturverzeichnis 142
Stichwortverzeichnis 149

Einleitung

Ein paar Worte vorweg

Die Reihe *Photo*Wissen ist ein Kind der Unzufriedenheit. Der Unzufriedenheit über die Gleichgültigkeit, mit der die populäre Standardliteratur über die eigentlichen Grundlagen der Photographie hinweggeht. Diese Grundlage ist unsere Art zu sehen, womit die physiologischen Fähigkeiten und Voraussetzungen unseres visuellen Systems gemeint sind. Viele Texte heben nur auf die technischen Details der Photographie ab, ohne deutlich zu machen, daß die Phototechnik nicht vom Himmel gefallen ist. Vielmehr basiert sie auf dem, was uns die Wissenschaft über unsere visuellen Fähigkeiten gelehrt hat. Eine der Grundlagen der Photographie sind also wir selbst!

Ein Beispiel. Da ich als Photograph dem Dia schon immer stärker zugeneigt war als dem Negativ, trieb mich lange eine Frage um: „Warum zum *bleep* verläuft die Charakteristik-Kurve beim Umkehrfilm so viel steiler als beim Negativmaterial?" – Im aktuell voll entbrannten Digitalzeitalter mag dies als Anachronismus gelten, aber ich belichte nach wie vor gern Diafilme. Vielleicht nur, um gegen den Strom zu schwimmen. Wie auch immer, auf der Suche nach einer Antwort auf diese Frage habe ich zahllose Buchseiten gewälzt, noch mehr Websites durchgeackert und viele Internetforen konsultiert. Die Liste der Ergebnisse war so vielfältig, wie die ihrer Quellen. Sie reichte vom schlichten „weil er länger entwickelt wird" über „damit die Farben gesättigter sind" bis zu „„ um den Motivkontrast im Dunklen richtig zu reproduzieren". Die richtige Antwort war also dabei, aber das konnte ich erst einschätzen, nachdem ich mich durch die Grundlagen unserer Visualität gearbeitet und gelernt hatte, daß wir den Kontrast und dunklen- und hellen Umgebungen unterschiedlich wahrnehmen. Der Band 3 dieser Reihe – „*Kontrast*" – widmet sich diesem Thema ausführlich.

Vielleicht meinen es die Autoren nur gut, wenn sie die interessierten Leser mit den tiefliegenden Einzelheiten verschonen, aber vielleicht kommt darin auch nur der inzwischen weit verbreitete Hang zu einfachen Wahrheiten zum Ausdruck. Fakt ist aber, daß das Erlangen echter Kenntnis selten leicht und bequem ist, am Ende aber immer einen immensen Vorteil darstell. Denn „*Luck favours the prepared mind*", wie der US-Naturphotograph Galen Rowell so treffend geschrieben hat. Erst die Vorbereitung in Form von Wissenserwerb versetzt uns in die Lage, eine gewollte Situation zum richtigen Zeitpunkt herbeizuführen. So ist das Ziel der Reihe *Photo*Wissen

Einleitung

also, die Verbindungen zwischen der Natur, den Wissenschaften und der Photographie aufzuzeigen, damit die Technik leichter zu verstehen ist. Auf dieser Basis ergibt sich vieles dann ein gutes Stück weit von allein.

Das erste Kapitel arbeitet zunächst heraus, daß visuelle Schärfe unsere Empfindung der Deutlichkeit der Objektkanten ist: Je klarer wir diese wahrnehmen, umso größer ist unser Schärfeeindruck. Da diese Klarheit unmittelbar mit dem Helligkeitsunterschied an der Kante korrespondiert, ist der Eindruck visueller Schärfe ein Abfallprodukt unserer Kontrastwahrnehmung. Neben dem Kontrast, den wir auch als Konturenschärfe bezeichnen, spielt auch das Auflösungsvermögen eine große Rolle für den Schärfeeindruck und dieser erste Teil erläutert detailliert, wie das visuelle System in dieser Hinsicht beschaffen ist.

Das zweite Kapitel führt in die optischen und geometrischen Grundlagen des Schärfebegriffs ein. Anhand dieser Gesetzmäßigkeiten wird deutlich, daß es echte geometrische Schärfe zwar nur in einer Ebene gibt, sich die wahrgenommene Schärfe aber über mehr als diese eine Ebene erstrecken kann. Diese wahrgenommene Bildschärfe nennen wir Schärfentiefe und der größte Teil dieses Kapitels befaßt sich damit in welchem Verhältnis sie zu den photographischen Stellschrauben Blende, Aufnahmeentfernung, Brennweite, Fokuspunkt und Aufnahmeformat steht.

Das dritte Kapitel behandelt das Auflösungsvermögen der photographischen Komponenten Optiken, Bildträger und Ausgabegeräte und wie sich ihr Gesamtverhältnis berechnet.

Das vierte Kapitel gibt praktische Hinweise dazu, wie sich die Kantenschärfe des photographischen Bildes (analog und digital) steigern läßt.

1 Schärfe-Wahrnehmung

Inhalt

Standortbestimmung – Was ist visuelle Schärfe?
    Das Auflösungsvermögen des visuellen Systems
        Die Beugung als physikalische Einschränkung
        Die Anordnung der Fotorezeptoren auf der Netzhaut
        Die neuronale Verschaltung der Fotorezeptoren
        Die Qualität der Augenoptik
        Die Helligkeit
        Der Kontrast
        Die Farbe
        Das Gesamtauflösungsvermögen des visuellen Systems
    Die Konturenschärfe

Visuelle Schärfe

Standortbestimmung – Was ist visuelle Schärfe?

Die Helligkeit eines Lichtreizes können wir in cd/m^2 messen, seine Farbigkeit über die Wellenlängenstruktur bestimmen, aber Schärfe ist eine rein wahrgenommene Eigenschaft einer visuellen Szene, die wir nicht direkt bestimmen können. Sie liegt nur im Auge des Betrachters. Allgemein bezeichnen wir einen visuellen Eindruck als scharf, wenn die Objekte klar voneinander abgegrenzt sind. Damit ist visuelle Schärfe im Gegensatz zur geschmeckten oder gerochenen Schärfe jenes Empfindungsmaß, anhand dem wir die Klarheit oder Deutlichkeit der Objektkanten bemessen. Diese Kanten und Grenzflächen zu erfassen ist von hohem Interesse für das visuelle System, denn wie der erste Band dieser Reihe gezeigt hat organisiert es an ihnen die Objektwahrnehmung: Die Gegenstände einer Szene werden nicht vollständig erfasst, sondern anhand der wahrgenommenen Kanten einzeln konstruiert. Dieser Prozess ist aufwendig und in seinem genauen Ablauf unter den Wissenschaftlern noch umstritten.

Ohne die Registrierung der Objektgrenzen könnte keine visuelle Wahrnehmung entstehen. daß das stimmt, ist praktisch bereits mit dem folgenden Versuch simuliert worden. Stellen Sie sich zum Beispiel ein rotes Quadrat vor in dessen Mitte sich ein kleineres, grünes Quadrat befindet. Wenn Sie die Grenze zwischen beiden Flächen künstlich auf ihrer Retina stabilisieren, verlieren Sie zunächst die Wahrnehmung des grünen Quadrats und es bleibt nur die rote Fläche des Hintergrunds übrig. Nach ungefähr einer Sekunde ohne jede Bewegung relativ zur Retina löst sich dann auch dieser Eindruck auf und sie sehen nichts mehr. Das ist der Fall, weil uns die Photorezeptoren nur Potentialunterschiede, nicht aber absolute Potentialniveaus melden, was ebenfalls der Effizienzsteigerung dient. Damit uns die Wahrnehmung nicht verloren geht, wenn der Blick längere Zeit auf einem Punkt verweilt, führen die Augen mehrmals pro Sekunde unbewußte und in der Richtung zufällige Bewegungen aus, sogenannte Mikrosakkaden.

Die Antwort darauf, warum unser visuelles System die Objekte anhand der Grenzflächen zwischen Bereichen

> **Visuelle Schärfe ist ein Abfallprodukt jenes Prozesses, in dem das visuelle System die Objektwahrnehmung realisiert.**

Standortbestimmung – Was ist visuelle Schärfe?

unterschiedlicher Farbe und Helligkeit strukturiert und unterscheidet, ist einfach: Wirtschaftlichkeit, Effektivität und geringer Energieverbrauch.

Es ist sehr sinnvoll, weil ökonomisch, dass das visuelle System die Objekte anhand der Unterbrechungen der Lichtmuster verarbeitet, denn so braucht es nur jene Bildteile zu codieren, an denen sich etwas verändert und nicht etwas das Bild als Ganzes. Kanten und Grenzflächen sind die einzig wichtigen Informationen, die der Apparat in unseren Köpfen braucht, um die Formen, die Gestalten der Dinge in unserer Umwelt zu konstruieren. Es ist unnötig, Helligkeit und Farbe an jedem einzelnen Punkt eines beispielsweise durchgehend roten Gegenstands zu definieren. Statt dessen reicht es völlig aus dies überall dort zu tun, wo sich etwas ändert. Und das ist eben an einer Kante oder Grenzfläche der Fall. Auf diese Weise reduziert sich die zu übertragende und zu verarbeitende Informationsmenge erheblich. Um wie viel genau, illustriert Abb. 1 liegt im .tif Format vor und ist 4575 KB groß. Tif legt jedes einzelne Pixel im Hinblick auf seine Farbigkeit fest. Abb. 2 ist ins .jpeg Format gewandelt worden und nur noch 29 KB groß – 157 mal kleiner also, ohne dass wir einen Unterschied wahrnehmen. Die Reduzierung rührt daher, daß

Abb. 1: Graphik im .tif Format, 4575 KB

.jpeg, genau wie das visuelle System, nur jene Pixel definiert, an denen sich etwas ändert. In der Datei steht nur die Position der Kante und die Farbe auf der Innen- bzw. Außenseite. Die Pixel dazwischen füllt das Bildverarbeitungsprogramm automatisch.

Diese Reduzierung der Informationsmenge ist für das Nervensystem im Allgemeinen eminent wichtig, denn damit eine Nervenzelle feuert, ist Energie nötig und mit diesem Roh-

Abb. 2: Graphik im .jpeg Format, 29 KB

Visuelle Schärfe

stoff muss der Körper so sparsam wie möglich umgehen. – Bedenken Sie, dass das Gehirn einen besonders hohen Sauerstoff- und Energiebedarf besitzt. Es macht nur etwa 2 % der Körpermasse aus, verbraucht aber etwa 20 % des Sauerstoffs und mehr als 25 % der Glukose. Je weniger Nervenzel-

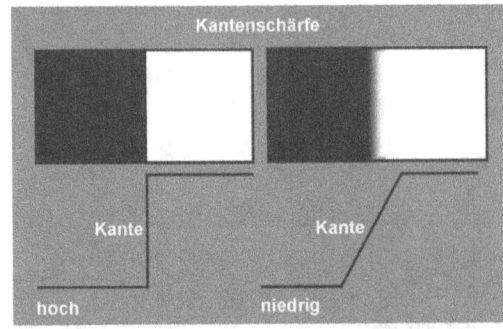

Abb. 4: Konzept Kantenschärfe

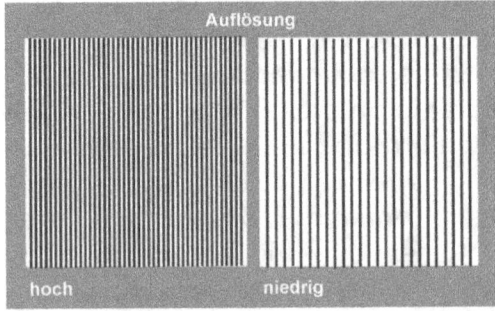

Abb. 3: Konzept Auflösung

Kantenschärfe hoch   Auflösung gering

Kantenschärfe gering   Auflösung hoch

Kantenschärfe hoch   Auflösung hoch

Abb. 3: Die Kombination von Auflösung und Kantenschärfe bestimmt über unseren visuellen Schärfeeindruck

len aktiv sind, umso besser ist es also für den Organismus.

Um möglichst viele Kanten möglichst genau erfassen zu können, müssen Auge und Gehirn das Blickfeld so detailliert wie möglich rastern und die Grenzflächen dann isolieren. Das ist eine ziemlich ambitionierte Aufgabe und unser visuelles System bewältigt sie in mehreren Stufen. Zur präzisen Abtastung benutzt es eine große Anzahl Photorezeptoren. Ihr Abstand zueinander bestimmt neben ein paar anderen Faktoren, die wir weiter unten kennenlernen werden, über das **Auflösungsvermögen** des Sehapparats.

Um die Objektkanten in dem so produzierten Bild zuverlässig isolieren zu können, verfügt das visuelle System über die bemerkenswerte Fähigkeit, die aus der Belichtung der Photorezeptoren resultierenden Nervenimpulse (quasi seine visuellen Daten) wie ein Computer verarbeiten zu können. Dazu dient ihm ein bestimmter Typ Ganglienzellen, die physiologisch in Zentrum und Peripherie gegliedert sind. Beide sind so verschaltet, daß sie sich wechselseitig hemmen. Dieser Zellaufbau wird **Center/Surround Organisation** (siehe Abb. 20/21) genannt und dient dazu, Unregelmäßigkeiten, eben Objektgrenzen, herauszufiltern. Je härter die Kontur ist, je unmittelbarer ihr Übergang, umso größer ist das Ausgabepotential so einer Center/Surround Zelle und unser daraus entstehender **Schärfeeindruck der Kante**.

Mit dem **Auflösungsvermögen** und der **Kantenschärfe** haben wir nun also die beiden Konzepte herausgearbeitet, die ursächlich für unseren Schärfeeindruck verantwortlich sind. Sie wollen wir im Folgenden genau beleuchten.

Das Auflösungsvermögen des visuellen Systems

Auflösung meint das Maß, mit dem das visuelle System eine Szene rastert. Sie entspricht der Packungsdichte der Photorezeptoren, die in der Sehgrube (Fovea centralis) am größten ist (siehe „Die Anordnung der Photorezeptoren auf der Netzhaut"). Man kann sagen, daß das Auflösungsvermögen in der Fovea so hoch ist, damit wir möglichst viele Kanten möglichst präzise erfassen können.

Unser Schärfeeindruck einer natürlichen Szene oder einer Photographie ist umso größer je mehr Einzelheiten wir wahrnehmen. Darüber, wie viele Details wir auffassen, bestimmt das Auflösungsvermögen unseres visuellen Systems. Dies können wir auf verschiedene Wahrnehmungsleistungen beziehen: Wir können bestimmen, wie groß der Abstand zwischen zwei Objekten mindestens sein muss, damit sie als getrennt aufgefasst werden. Das wird **Auflösungs-Sehschärfe** genannt. Wir können bestimmen, wie groß ein Objekt mindestens sein muss, damit es noch erkannt wird. Das wird **Erkennungs-Sehschärfe** genannt. Wir können die kleinste Objektgröße be-

Visuelle Schärfe

stimmen, die gerade noch wahrnehmbar ist. Das wird **Minimalerkennbare-Sehschärfe** genannt. Und wir können den geringsten wahrnehmbaren Versatz zwischen zwei Linien bestimmen. Das wird dann **Hyper-Sehschärfe** oder **Vernier-Sehschärfe** genannt. Für unserer photographisch orientierte Betrachtung ist die **Auflösungs-Sehschärfe** relevant. Sie hängt von mehreren Faktoren ab, die sich zu einem Maß ergänzen das eine Abbildung nicht zu überschreiten braucht, um einen scharfen Eindruck zu machen. Sie werden wir in den folgenden Abschnitten genau unter die Lupe nehmen.

Die Beugung als physikalische Einschränkung

Lichtwellen verlaufen normalerweise geradlinig durch den Raum. Treffen sie auf ein Hindernis oder passieren ein solches sehr nah („nah" meint im Bereich weniger Wellenlängen), so werden sie aus dieser geraden Richtung abgelenkt. Diesen Vorgang nennen wir **Beugung**. Er ist ein unvermeidbarer physikalischer Effekt und unabhängig von der Qualität der Optik. Je kleiner die Öffnung, umso größer ist die Beeinträchtigung der Abbildung durch die Beugung.

Aufgrund dieser Zerstreuung in unterschiedliche Richtungen legen die Lichtwellen dann nicht mehr alle dieselbe Entfernung zurück, sondern verlassen zum Teil ihre ursprüngliche Schwingungsrichtung. Das führt dazu, daß sie sich an einer Stelle überlagern und ergänzen bzw. an einer anderen ganz oder teilweise auslöschen. Diese Überlagerung (**Interferenz**) produziert ein **Beugungsmuster**, das die höchste Intensität dort aufweist, wo sich die Wellen addieren und die geringste, wo sie sich auslöschen. Würden wir die Stärke an jeder Position einer geraden Linie messen, so ergäbe sich ein Band ähnlich dem, das Abb. 5 zeigt.

Eine perfekt runde und daher ideale Blende würde ein Beugungsmuster produzieren, das nach seinem Entdecker, dem britischen Astronomen Sir George Biddell Airy (1835-1892), als **Airy-Scheibchen** (auch **Airy Disk**) bezeichnet wird. Auf einen praktischeren Fall übertragen können wir uns die Beugung wie bei einem Wasserschlauch vorstellen. Genügend Druck vorausgesetzt verläßt ihn das Wasser als nahezu runder Strahl. Wenn wir die freie Öffnung aber mit den Fingern ein wenig zusammendrücken, wird der Strahl zu einem mehr oder weniger breiten Fächer auseinandergezogen.

Da wir keine unendlich großen Optiken konstruieren können, ist jedes optische Gerät, unser Auge eingeschlossen, zwangsläufig im Hinblick auf seine Öffnung begrenzt. Sei es durch den

Das Auflösungsvermögen des visuellen Systems
Die Beugung als physikalische Einschränkung

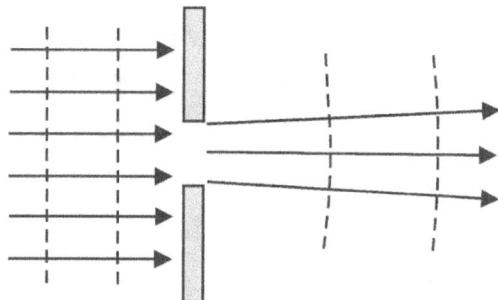
Beugung an einer großen Öffnung

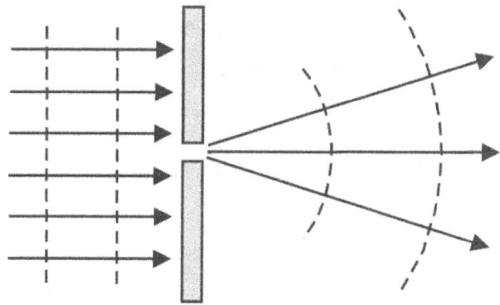
Beugung an einer kleinen Öffnung

Abb. 4: Beugung von Lichtstrahlen an einer großen Öffnung bzw. einer kleinen Öffnung

Außendurchmesser oder die Größe einer eingebauten Blende. An diesem Flaschenhals wird das Licht abgelenkt und so kann die Optik eine entfernte punktförmige Lichtquelle selbst dann niemals in eben einem solchen Punkt abbilden, wenn alle sonstigen Abbildungsfehler beseitigt wären. Statt dessen fällt die Abbildung abhängig von der Öffnungsgröße mehr oder weniger unscharf aus und das Bild spiegelt in der Brennebene das allgemeine sogenannte **Fraunhofersche Beugungsmuster** wider. In vielen Fällen ist dieser Effekt so gering, daß er vernachlässigt werden kann, aber grundsätzlich verhindert er die Abbildung sehr feiner Details und damit die Vergrößerung eines Bildes über ein gewisses Maß hinaus.

Um das Auflösungsvermögen einer Optik zu beschreiben, benutzen wir

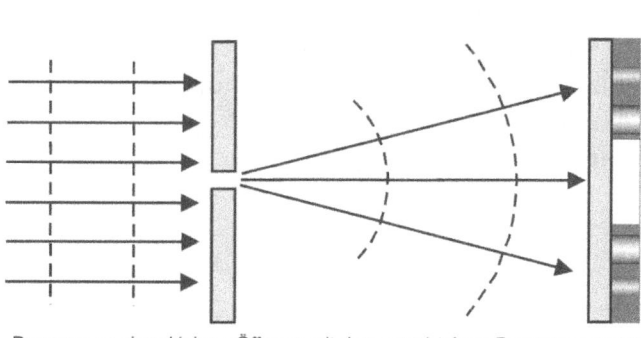
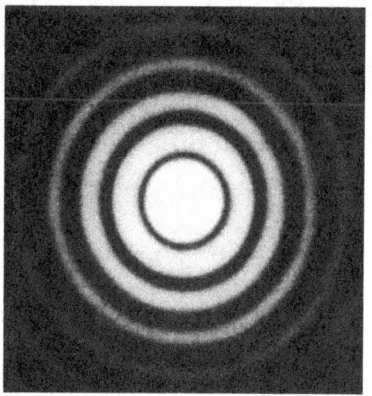
Beugung an einer kleinen Öffnung mit dem zugehörigen Beugungsmuster

Abb. 5: Beugung von Licht an einem Spalt und das daraus resultierende Beugungsmuster

Visuelle Schärfe

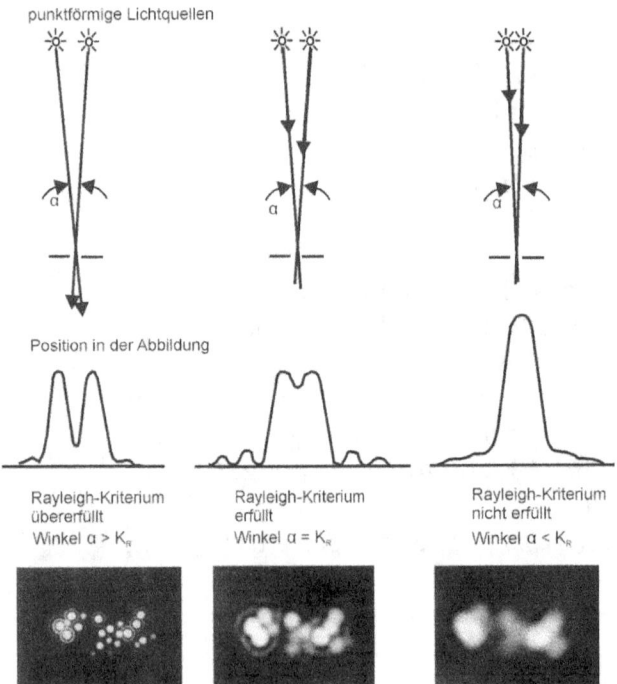

Abb. 6: Rayleigh-Kriterium und Auflösung

feinere Details auflösen kann. Diesen Zusammenhang drückt die Formel für eine runde Öffnung aus:

Formel 1

$$\alpha_{Grenz} = 0{,}206 \frac{\lambda}{D}$$

α_{Grenz} = Auflösungsvermögen in Bogensekunden
λ = Lichtwellenlänge
D = Öffnungsdurchmesser

Für das Auflösungsvermögen unserer Augen gilt das Rayleigh-Kriterium ebenfalls als grundsätzliche Richtmarke und mit der eben eingeführten Formel können wir das theoretisch maximal erreichbare Auflösungsvermögen berechnen. Dazu gehen wir von einem Pupillendurchmesser für das vollständig helladaptierte Auge von durchschnittlich D = 3 mm und der Wellenlänge = 550 nm aus, für die der Rezeptorapparat des Auges am empfindlichsten ist:

das nach seinem Entdecker John William Strutt (1842-1919), dem 3. Lord Rayleigh, benannte **Rayleigh-Kriterium (K_R)**. Es besagt, daß zwei Lichtpunkte als aufgelöst gelten, wenn das Hauptmaximum des ersten das erste Minimum des zweiten nicht unterschreitet.

Maximum und Minimum der Lichtquellen müssen also durch eine Entfernung getrennt sein, die proportional zum Quotienten aus Lichtwellenlänge und Öffnungsdurchmesser ist. Damit ist klar, daß eine größere Öffnung auch

$$\alpha_{Grenz} = 0{,}206 \frac{\lambda}{D}$$

$$\alpha_{Grenz} = 0{,}206 * \left(\frac{550}{3} \right)$$

$$\alpha_{Grenz} = \frac{113{,}3}{3}$$

$$\alpha_{Grenz} = 37{,}7666'' = 0{,}6294' = 0{,}0105°$$

Theoretisch können wir bei Tageslicht also zwei Punkte unterscheiden, die gerade 0,6294 Bogenminuten auseinander liegen. Anders ausgedrückt müssen die beiden Punkte 1 mm voneinander entfernt sein, damit wir sie aus 57 cm Entfernung als getrennt wahrnehmen.

Je größer die Blendenzahl, desto größer das Beugungs- oder Airy-Scheibchen. Die Frage, die sich nun stellt, ist, ab wann die Beugung zum begrenzenden Faktor für die Detailwiedergabe, also die Auflösung, wird. Dazu ist zunächst einmal zu betrachten, ab wann der Mensch die Beugungsscheibchen als getrennte Punkte wahrnimmt. Diese Untersuchung wurde 1879 von Lord Rayleigh durchgeführt und veröffentlicht. Sie zeigt, daß die Intensität des Bereiches zwischen zwei Airy-Scheibchen auf 81% der Maximalintensität abgefallen sein muss, damit die Scheibchen mit dem Auge als getrennt wahrgenommen werden können. Dieses ist genau dann der Fall, wenn die Maxima der Beugungsscheibchen einen Abstand haben, der dem Radius eines Scheibchens entspricht.

Die Anordnung der Photorezeptoren auf der Netzhaut

Die Retina ist mit rund 110 Millionen Stäbchenrezeptoren und gut 6 Millionen Zapfenrezeptoren besetzt, die nicht gleichmäßig über die Netzhaut verteilt sind, sondern sich in bestimmten Bereichen konzentrieren und in anderen spärlicher vertreten sind. Drei Begriffe, die in diesem Zusammenhang wichtig sind, lauten Fovea centralis (auch Sehgrube), Blinder Fleck und Netzhautperipherie. Die **Fovea centralis** befindet sich genau in der Blicklinie, so daß ein Objekt welches wir direkt fixieren, exakt auf sie fällt. Der **Blinde Fleck** ist jener Ort, an dem der Sehnerv die Netzhaut verlässt und die **Netzhautperipherie** bezeichnet die verbleibende Fläche der Retina.

Aus der Abb. 7 können wir herauslesen, daß der Blinde Fleck als einzige Stelle völlig frei von Photorezeptoren beider Arten ist und sich die für das Nachtsehen verantwortlichen Stäbchenzellen mit von innen nach außen abnehmender Anzahl über die Netzhaut verteilen. Sie erreichen ihre größte Dichte in einem Kreis von 20° um die Fovea und sorgen so für eine auch bei geringer Beleuchtungsstärke ausreichende optische Auflösung. Über die anschließende erste Hälfte

Visuelle Schärfe

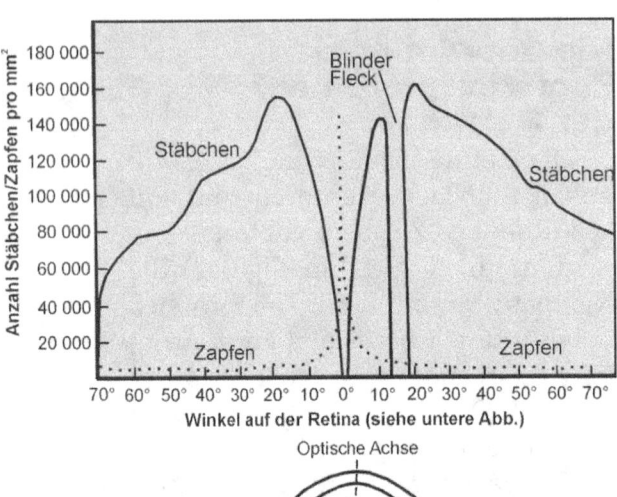

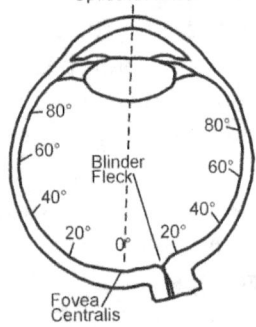

Abb. 7: Verteilung der Photorezeptoren auf der Netzhaut (1)

Blick heben und ein Objekt in Ihrer Umgebung fixieren, stellen Sie sicher fest, daß Sie dies klar und deutlich und scharf wahrnehmen, diese Deutlichkeit und Schärfe aber zum Rand des Gesichtsfeldes hin rapide abnimmt. Diese Verteilung des Schärfeeindrucks korrespondiert mit der Verteilung der Photorezeptoren, wie wir sie gerade herausgearbeitet haben und sagt uns unmissverständlich, daß die große Anzahl Zapfenrezeptoren in der Fovea centralis, auf die ein direkt fixiertes Objekt fällt, für unseren schärfsten Seheindruck verantwortlich sein muss. Aus diesem Grund wollen wir die folgende Betrachtung unseres visuellen Auflösungsvermögens ganz auf die Zapfen beschränken.

Der lichtempfindliche Durchmesser eines Zapfens beträgt rund 1,5 µm und der Abstand zwischen den Zentren zweier Zapfen liegt bei circa 2,5 µm. Dieser außerordentlich geringe Abstand wird erreicht, weil die Fovea ausschließlich mit den besonders schlanken M- und L-Zapfen bestückt ist, die für den mittelwelligen- bzw. langwelligen Teil des Spektrums empfindlich sind. Der Grund dafür liegt in den Problemen, die die chromatische Aberration mit sich bringt (siehe Band zwei dieser Reihe, „Helligkeit und Farbe – Unse-

der Netzhaut bleibt die Anzahl der Stäbchen dann relativ konstant hoch, bevor sie zum Rand hin deutlich abnimmt. Die für das farbige Tagsehen zuständigen Zapfenzellen konzentrieren sich in auffälliger Weise in der **Fovea centralis** und sind ab einer Position von 10° in gleichbleibender Anzahl über die Netzhautperipherie verteilt. Daraus können wir einen wichtigen Zusammenhang ableiten, denn wenn Sie einmal den

Das Auflösungsvermögen des visuellen Systems
Die Anordnung der Photorezeptoren auf der Netzhaut

Abb. 8: Die Buchstabengrößen verdeutlichen, wie sehr unser Auflösungsvermögen vom Sehzentrum zur Peripherie hin nachläßt

Visuelle Schärfe

re Vorliebe für die warmen Farben"). Die geringfügig breiteren K-Zapfen, deren Sensibilität auf das kurzwellige Spektrum beschränkt ist, und natürlich auch die Stäbchenzellen fehlen hier ganz.

Der Radiant (Einheitenzeichen rad) dient zur Angabe der Größe eines ebenen Winkels. Er ist eine abgeleitete Einheit im SI-Einheitensystem. Der ebene Winkel von 1 Radiant umschließt auf der Umfangslinie eines Kreises mit 1 Meter Radius einen Bogen der Länge 1 Meter. Der Vollwinkel umfasst 2π Radiant:
1 Vollwinkel = 2π rad.
(Deutsche Wikipedia)

Das durch die Anordnung der Photorezeptoren in der Fovea definierte Auflösungsvermögen errechnen wir wie folgt: Die Brennweite des Auges beträgt ziemlich genau 25 mm. Wir dividieren den Rezeptorabstand von 2,5 µm durch diese 25 mm und erhalten den Wert von 100 Mikroradiant (=0,0001 Radiant). Auf einen Radiant entfallen (180/pi)*3600 = 206264,81 Bogensekunden. Wir multiplizieren diesen Wert mit 0,0001 Radiant und erhalten 20,626481 Bogensekunden = 0,3437746 Bogenminuten = 0,0057295 Grad. Dieser Wert ist nur halb so groß, wie das durch das Rayleigh-Kriterium vorgegebene theoretische Maximum und ein weiterer Vergleich zeigt, daß mehr tatsächlich nicht geht. Denn wenn wir die theoretisch maximal erreichbare Auflösung von α_{Grenz} = 0,0105° zugrunde legen, bedeutet dies, daß die Beugungsbilder zweier punktförmiger Lichtquellen auf der Netzhaut mindestens 4 µm auseinander liegen müssen, um aufgelöst zu werden. Auf dieser Strecke befinden sich aufgrund ihrer eingangs festgestellten Größe drei Zapfenrezeptoren und dies ist gerade genug, um zwei Lichtquellen und das dunkle Stück zwischen ihnen zu erkennen. Eine größere Anzahl Zapfen ist unnötig, da diese zwar mehr Einzelheiten des Beugungsmusters, aber nicht der Lichtquellen auflösen würden. Umgekehrt würde eine geringere Anzahl Zapfen nicht die im Netzhautbild enthaltenen Details auflösen. Damit ist die Struktur der Netzhaut nahezu perfekt an das theoretisch maximal erreichbare Auflösungsvermögen angepasst.

Die neuronale Verschaltung der Photorezeptoren

Neben ihrer Verteilung auf der Netzhaut unterscheiden sich die Photorezeptoren auch in ihrer Verschaltung mit den nachfolgenden Neuro-

Das Auflösungsvermögen des visuellen Systems
Die neuronale Verschaltung der Photorezeptoren

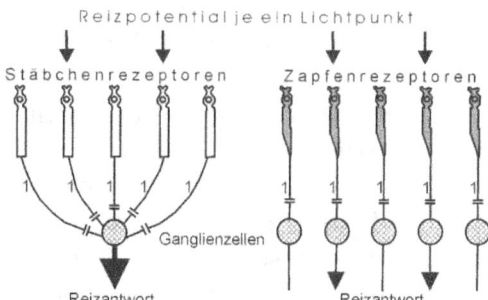

Abb. 9: Neuronale Verschaltung u. Sehschärfe
In diesem Fall wirkt sich die große Konvergenz der Stäbchen negativ aus, denn die Reizreaktion der einen Stäbchenganglienzelle gibt keinen Hinweis auf die erregenden zwei Lichtpunkte. Die exklusive Verschaltung der Zapfen ist hier im Vorteil und erhöht deren Fähigkeit zur räumlichen Auflösung.

nen und auch dies hat Einfluss auf die Sehschärfe. Von vorn nach hinten wird die Signalmenge der rund 120 Millionen Photorezeptoren stufenweise verringert und auf die 1 Million Ganglienzellen zusammengeführt, deren Verlängerung als Sehnerv aus dem Auge hinaus führt. Dabei laufen aufgrund der größeren Menge durchschnittlich 120 Stäbchen, aber nur sechs Zapfen in je einer Ganglienzelle zusammen. Diese Diskrepanz wird unter der Berücksichtigung der Tatsache, daß viele Zapfenzellen der Sehgrube exklusiv mit einer Ganglienzelle verschaltet sind, noch größer.

Abb. 9 illustriert den praktischen Effekt der Konvergenz. Aus der Erregung der zwei Stäbchenrezeptoren und der Reizantwort der Ganglienzelle, in der sie gemeinsam mit drei anderen zusammenlaufen, kann das visuelle System unmöglich auf das tatsächliche Vorhandensein von zwei getrennten Lichtreizen schließen. Die Zapfenrezeptoren der Fovea centralis sind dagegen exklusiv mit jeweils einer Ganglienzelle verbunden und deshalb wird die Reizantwort von zwei separaten Rezeptoren auch als solche wahrgenommen.

Die Qualität der Augenoptik

Damit überhaupt ein scharfes Bild auf der Netzhaut entstehen kann, müssen die lichtbrechenden Einheiten des Auges perfekt zusammenspielen. Dies sind **Hornhaut** und **Linse**. Ihre Aufgabe ist es, die aus unterschiedlichen Winkeln eintreffenden Lichtstrahlen zu bündeln und so zu brechen, daß sie sich nicht einfach geradeaus weiter fortsetzen, sondern in der Fovea centralis zusammentreffen. Die in Dioptrien (dpt, der Kehrwert der Brennweite dpt=1/f) angegebene Brechkraft beträgt für die Hornhaut etwa 43 dpt und für die Linse ungefähr 19 dpt. Daraus ergibt sich für das normalsichtige Auge eine Gesamtbrechkraft von 65 Dioptrien. Wird diese Brechkraft krankheitsbedingt unter- oder überschritten, ist

Visuelle Schärfe

das Netzhautbild nicht scharf definiert und mit dieser Unschärfe sinkt das Auflösungsvermögen des visuellen Systems. Die häufigsten Augenkrankheiten, die dies nach sich ziehen, sind im Folgenden kurz skizziert.

Weist die Linse eine zu geringe Brechkraft auf oder ist der Augapfel zu kurz, so entsteht das scharfe Bild im Auge erst hinter der Netzhaut. Dies wird als **Weitsichtigkeit** oder **Hyperopie** bezeichnet. Das jugendliche Auge kann dies sehr lange Zeit durch eine verstärkte Naheinstellung (Akkomodation) ausgleichen. Um aber den durch diese Überanstrengung hervorgerufenen Augen- und Kopfschmerzen vorzubeugen, wird die Weitsichtigkeit durch eine Brille oder Kontaktlinsen korrigiert.

Ist der Augapfel umgekehrt zu lang oder die Brechkraft der Linse zu hoch, so spricht man von **Kurzsichtigkeit** oder **Myopie** und das scharfe Bild entsteht im Auge vor der Netzhaut. Auch diese Fehlsichtigkeit wird mit einer Sehhilfe korrigiert.

Damit wir entfernte und nahe Gegenstände scharf auffassen können, muss die Linse ihre Form an die jeweilige Entfernung anpassen. Dieser Vorgang wird **Akkomodation** genannt. Zwischen dem 40. und dem 50. Lebensjahr verliert die Linse bei vielen Menschen langsam an der dazu notwendigen Elastizität und dieser normale Alterungsprozess wird **Alterssichtigkeit** oder **Presbyopie** genannt. Muss sich die Linse sehr stark auf kurze Entfernungen einstellen, weil wir z.B. viel Lesen, so kann es passieren, daß sich die Sehschärfe den Tag über verringert, weil sich die Akkomodation aufgrund der mangelnden Elastizität erst über Nacht wieder vollständig löst. In diesem Fall wird die Sehschärfe für Entferntes am Morgen, nach dem Aufwachen, besser sein als am Abend. Natürlich kann auch der umgekehrte Fall vorkommen, in dem sich die Sehschärfe für Nahes durch die Alterssichtigkeit über den Tag verschlechtert. In beiden Fällen leistet eine Lese- bzw. Weitsehbrille gute Dienste.

Stabsichtigkeit bzw. **Astigmatismus** ist eine Augenkrankheit, die durch eine unregelmäßige Hornhautkrümmung zustande kommt. Diese kann wiederum angeboren sein oder durch Narben nach Hornhautverletzungen entstehen. In jedem Fall führt sie dazu, daß die ins Auge fallenden Lichtstrahlen nicht in einem Punkt auf der Netzhaut gebündelt werden können. Aus diesem Grund wird ein Punkt nicht als Punkt, sondern als verschwommene Linie (Stab) wahrgenommen. Abhilfe schafft eine Brille mit Zylindergläsern oder formstabile Kontaktlinsen.

Die **Trübung der Augenlinse** (Katarakt oder Grauer Star) ist zu 90% eine Alterserscheinung, kann aber auch nach Augenverletzungen, Strahleneinwirkung, als Medikamentennebenwirkung, bei Diabetes mellitus oder angeboren nach einer vorgeburtlichen Infektion (z.B. Röteln) auftreten. Symptome sind langsam zunehmende Sehstörungen und starke Blendungserscheinungen. Außerdem geben die Betroffenen im fortgeschrittenen Stadium an, wie durch ein Milchglas zu sehen. Häufigste Therapie ist die Operation in örtlicher Betäubung.

Die Helligkeit

Die Helligkeit beeinflusst das Auflösungsvermögen des visuellen Systems gleich in mehrfacher Hinsicht. Zunächst betrifft sie die **Pupillengröße**. Dies ist die freie Öffnung des unmittelbar vor der Augenlinse befindlichen Iris-Muskels. Da die ganz hinten im Auge gelegene Netzhaut, auf der sich das gesehene Bild abbildet, nur langsam an Änderungen der Leuchtdichte anpaßt, kommt der Pupille die Schutzfunktion einer schnell schließenden Blende zu. Sie kann die Größe ihrer Öffnung zwischen 2 mm und 8 mm regulieren und die einfallende Lichtmenge damit um den Faktor 16 reduzieren oder erhöhen (zum Vergleich: Die Umfeldleuchtdichten können sich bei Tag – maximal 10^5 Candela/m^2 – und bei Nacht – minimal 10^{-5} Candela/m^2 – etwa um den Faktor 10^{10} unterscheiden). Erst nach der Soforteinstellung durch die Pupille gewöhnen sich die Sinneszellen der Netzhaut an die veränderte Leuchtdichte. Neben der Regulierung der Lichtmenge weist die Irisblende noch eine weitere Analogie zur Kamerablende auf. Ihre Verengung vergrößert beim Nahsehen die Schärfentiefe. Damit ergeben sich erheblich schärfere Netzhautbilder und dies ist beim Tagsehen besonders wichtig. Die Öffnungsgröße ist der springende Punkt, denn von ihr hängt, wie im Abschnitt zur Beugung angesprochen, das theoretisch maximal erreichbare Auflösungsvermögen ab. Nun gilt aber in der Praxis nicht der aus diesem Abschnitt abzuleitende Zusammenhang „größere Pupille gleich größeres Auflösungsvermögen", denn der mit zunehmender Helligkeit abnehmende Pupillendurchmesser reduziert die dem Auge innewohnenden optischen Abbildungsfehler. Ganz so, wie das Abblenden des Objektivs in der Photographie. Aus dieser doppelten Wirkung müssen wir eine Art „Mischkalkulation" aufmachen und einen Kompromiss zwischen den Beugungsfehlern bei kleinen Öffnungen und den Aberrationsfehlern bei großen Öffnungen eingehen. Für den großen

Visuelle Schärfe

Durchschnitt normalsichtiger Augen kommt dabei heraus, daß eine mittlere Pupillengröße von 3 mm bis 5 mm Durchmesser (entsprechen 7 mm² bis 20 mm² Pupillenfläche) die geringsten Nachteile für das Auflösungsvermögen mit sich bringt. Diese Werte werden altersabhängig bei Leuchtdichten zwischen 150 und 300 cd/m² erreicht, was ungefähr jener Helligkeit entspricht, die wir zum bequemen Lesen bzw. zur Erledigung präziser Arbeiten in geschlossenen Räumen benötigen.

Die Umgebungshelligkeit entscheidet auch über den **Adaptationszustand** des visuellen Systems. Ob wir also mit den Stäbchen- oder den Zapfenrezeptoren sehen. Die für das Farbsehen und die höchste Auflösung verantwortlichen Zapfen sind beim mesopischen Sehen in der Dämmerung und beim photopischen Sehen am Tag aktiv, also bei Leuchtdichten zwischen 0,01 cd/m² und 100 000 000 cd/m². Darunter arbeiten die viel geringer auflösenden Stäbchen. Im Hinblick auf die Auflösung ist der weite Bereich der Zapfen-Adaptationsstufe nur bis zu 10 000 cd/m² optimal, so daß das Auflösungsvermögen oberhalb dieses Werts blendungsbedingt wieder abfällt.

Zwischen diesen beiden Punkten, im Bereich mittlerer Helligkeit, verhält sich das Auflösungsvermögen nahezu linear zur Lichtintensität, d.h.

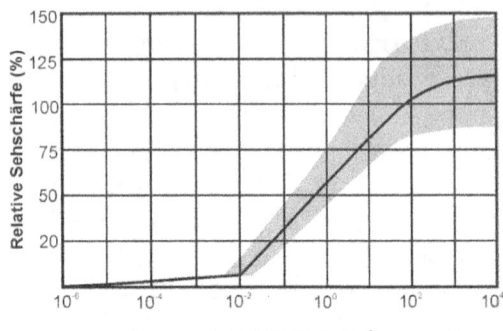

Abb. 10: Sehschärfe und Helligkeit
Grau markiert ist der Streubereich für Beobachter im Alter zwischen 25 und 50 Jahren.

die Sehschärfe fällt proportional mit der Helligkeit ab, wie Abb. 10 zeigt. Für dies Verhalten gibt es zwei unterschiedliche Erklärungsansätze. Der Erste ist, daß innerhalb der Rezeptorpopulation unterschiedliche Empfindlichkeiten vorkommen, die zufällig über die Retina verteilt sind. Bei geringen Umgebungshelligkeiten sollen nur die dafür empfindlichen Rezeptoren aktiv sein, während höhere Helligkeitswerte alle Sehzellen ansprechen und so für die beobachtete hohe Auflösung sorgen. Der zweite Ansatz geht davon aus, daß die Wahrscheinlichkeit ein Lichtquant einzufangen bei geringer Helligkeit in der Netzhautperipherie aufgrund größerer Fläche und größerer räumlicher Summation am höchsten ist. Da die Photorezeptoren in diesem Bereich aber spärlich vertreten sind, ist die Auflösung gering. Mit zunehmender Helligkeit fangen auch die im vergleichsweise kleinen Punkt des schärfsten Sehens sitzenden Rezeptoren mehr Lichtteilchen ein und sorgen mit ihrer hohen Dichte auch für hohes Auflösungsvermögen.

Der Kontrast

Der Kontrast spielt eine große Rolle für die Fähigkeit des visuellen Systems feine Details voneinander zu unterscheiden, denn dies ist nur möglich, wenn der Helligkeitsunterschied zwischen ihnen ein gewisses Mindestmaß erreicht. Sein maximales Auflösungsvermögen schöpft das visuelle System folgerichtig nur aus, wenn die Vorlage den höchstmöglichen Kontrast zwischen Schwarz und Weiß aufweist, weil seine Kontrastempfindlichkeit im farbenblinden Wo-Kanal am größten ist (siehe Band eins dieser Reihe „Kategorisierung der Informationen"). Da wir im Alltag häufig Objekte wahrnehmen, die A) einen weit geringeren Kontrast zu ihrem Hintergrund aufweisen der B) zudem auch noch stark schwankt, interessiert uns natürlich, wie sich das Auflösungsvermögen verändert, wenn der Kontrast von diesem Maximalwert aus reduziert wird. Um dies herauszufinden, nutzt man **Gittermuster** aus abwechselnd schwarzen und

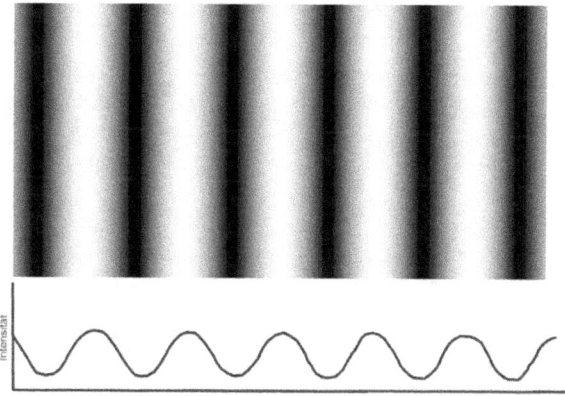

Abb. 11: Sinusgittermuster

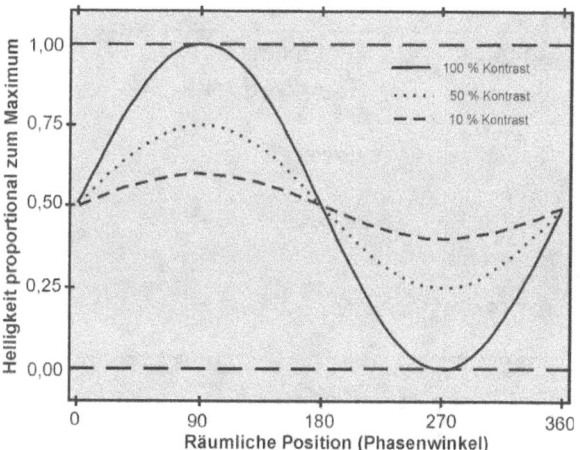

Abb. 12: Sinusförmige Helligkeitsverläufe

weißen Linien mit unterschiedlicher Anzahl Linienpaaren pro Millimeter (Ortsfrequenzen), wie sie Abb. 11 zeigt. Die Helligkeit verändert sich sinusförmig, weil dies der Wahrnehmung am besten entspricht. Abb. 12 zeigt sinusförmige Helligkeitsverläufe für 100% Kontrast, 50% Kontrast

Visuelle Schärfe

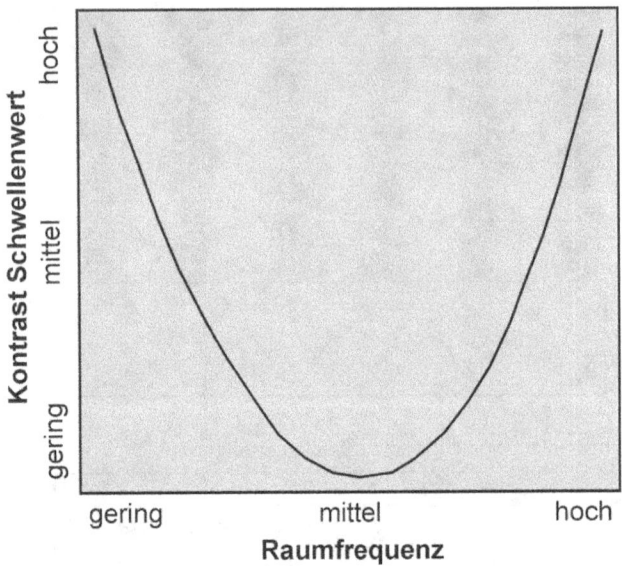

Abb. 13: Schwellenwertkurve (4)

und 10% Kontrast. Der Kontrast des Gitters errechnet sich nach der Formel:

Formel 2

$$K = \left(H_{max} - H_{min}\right) / \left(H_{max} + H_{min}\right)$$

K = Kontrast
H_{max} bzw. H_{min} = Größter bzw. kleinster Helligkeitswert

Für das Gitter mit 100% Kontrast gilt also K = ((1-0)/(1+0)) = 1,0 oder 100%.
Für das 50% Gitter mit der maximalen Helligkeit von 0,75 und der minimalen von 0,25 sagt die Formel
K = ((0,75-0,25)/(0,75+0,25)) = 0,5/1,0 = 0,5 oder 50%.
Und das 10% Gitter errechnet sich nach K = ((0,55-0,45)/(0,55+0,45)) = 0,1/1,0 = 0,1 oder 10%.

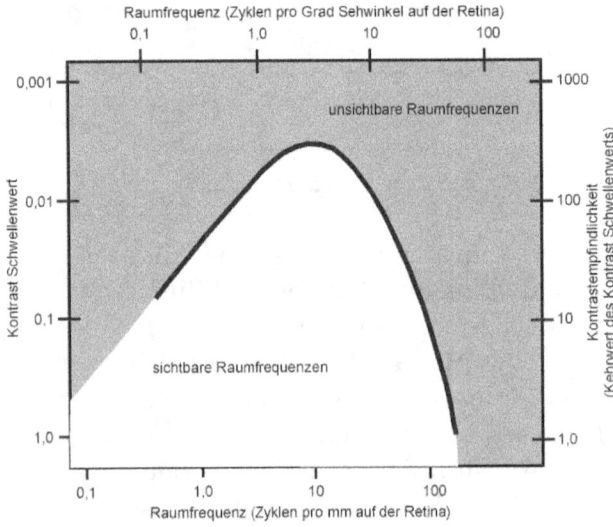

Abb. 14: Kontrastempfindlichkeitskurve
Die untere X-Achse zeigt die Ortsfrequenz in Zyklen pro 1°. Die linke Y-Achse gibt den Kontrast-Schwellenwert an, die Rechte die Kontrast-Empfindlichkeit. Hierbei ist zu beachten, dass letztere der Kehrwert des Schwellenwertes (1/Schwellenwert) ist. Je geringer also der Kontrast sein kann, um das Gitter aufzulösen (der Schwellenwert), umso größer ist die Empfindlichkeit. Beträgt der Kontrast-Schwellenwert also 0,1, so ist die Empfindlichkeit 1/0,1=10. Für den Schwellenwert von 0,01 ergibt sich 1/0,01=100 und so weiter (2).

Das Auflösungsvermögen des visuellen Systems
Der Kontrast

Um die Empfindlichkeit unseres visuellen Systems zu bestimmen, müssen wir die Kontrast-Schwellenwerte für die verschiedenen Ortsfrequenzen kennen. Um sie zu ermitteln, wird der Kontrast einer gegebenen Frequenz so weit verringert, bis ein Proband sie gerade noch aufzulösen imstande ist. Trägt man diese Werte in ein Diagramm ein, ergibt sich eine **Schwellenwertkurve** wie in Abb. 13 aus der sich der Mindestkontrast für jede Ortsfrequenz ablesen lässt. Der Kehrwert (1/Schwellenwert) dieses Kontrast-Schwellenwerts wird **Kontrastempfindlichkeit** genannt, denn je geringer der Mindestkontrast ist, umso größer ist die Empfindlichkeit für eine gegebene Ortsfrequenz. Beträgt der Schwellenwert 0,1 ist die Empfindlichkeit 1/0,1=10, beträgt der Schwellenwert 0,01 ist die Empfindlichkeit 1/0,01=100 und so fort. Tragen wir diese Kehrwerte in einem Diagramm gegen die Ortsfrequenz ab, so erhalten wir die **Kontrastempfindlichkeitskurve**, die auch als **Sichtbarkeitskurve** bezeichnet wird. Sie ist nichts anderes als die umgekehrte Schwellenwertkurve, denn je empfindlicher wir für eine Ortsfrequenz sind, umso weniger Kontrast ist nötig, um sie aufzulösen. Abb. 14 zeigt eine solche Sichtbarkeitskurve für einen durchschnittlichen Erwachsenen. Auf der x-Achse sind die Orts-

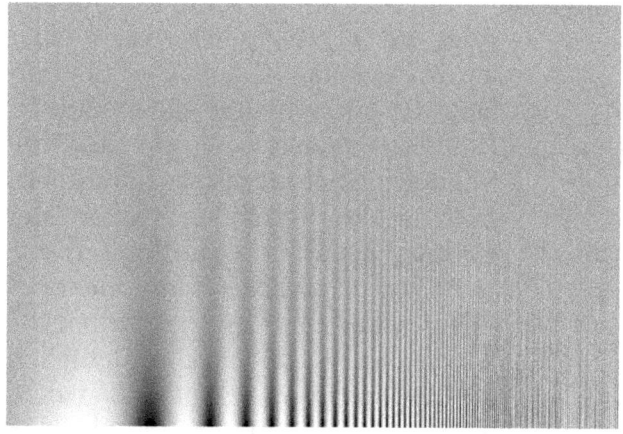

Abb. 15: Campbell-Robson CSF Chart Luminanz (3)

frequenzen in Linienpaaren pro Grad abgetragen, auf der linken y-Achse die Kontrast-Schwellenwerte und auf der rechten y-Achse die Kontrastempfindlichkeitswerte (1/Schwellenwert, alle logarithmisch). An der Kurve können wir ablesen, daß das Auflösungsvermögen bei der Reduzierung des Kontrasts auf $1/_{10}$ des Maximalwerts bereits auf 65% sinkt und bei Verminderung auf $1/_{100}$ nur noch 15% beträgt. Darüber hinaus zeigt sie uns, daß wir in der Spitze, bei einem Kontrastempfindlichkeitswert von 500, einen Kontrast von nur 1/500 oder 0,2 % wahrnehmen. Das heißt wir können Linienpaare unterscheiden, die einen Unterschied von nur 0,2 % relativ zur durchschnittlichen Helligkeit aufweisen.

Die von den Herren Campbell und Robson geschaffenen Abb. 15

Visuelle Schärfe

zeigt die Sichtbarkeitskurve in einer intuitiv verständlichen Gestalt. Entlang der horizontalen Achse sind die Helligkeit sinusförmig und die Ortsfrequenz logarithmisch moduliert. Entlang der Vertikalen variiert der Kontrast ebenfalls logarithmisch von 100% bis 0,5%. Folgt man einem beliebigen horizontalen Pfad durch die Abbildung, so bleibt die Helligkeit des schwarz-weißen Gitters konstant. Sollte also die Kontrastwahrnehmung einzig vom Bildkontrast abhängen, so müßten die abwechselnd schwarzen und weißen Linien überall im Bild gleich hoch sein. Sie sind es aber nicht. In der Bildmitte erscheinen sie höher als zu den beiden Rändern hin und diese umgekehrte U-Form stellt unsere Kontrastempfindlichkeits Funktion dar. Die genaue Position der Spitze hängt dabei vom Betrachtungsabstand ab. – Variieren Sie ihn mal, um es selbst zu sehen und beachten Sie, wie sich die wahrgenommene Lage der Spitze verändert. Die umgekehrte U-Form ist also kein Attribut der Abbildung, sondern reflektiert eine Eigenschaft **Ihres** visuellen Systems.

Neurophysiologisch hat die Form der Kontrastempfindlichkeitskurve mehrere Gründe.

Der hochfrequente Abbruch ist in der Hauptsache auf die begrenzte Packungsdichte der Photorezeptoren auf der Netzhaut (eine feinere Matrix könnte feinere Gittermuster auflösen) und zu einem geringeren Teil auf die selten perfekten Augenlinsen und unvermeidliche Abbildungsfehler durch Beugung und Aberration zurückzuführen.

Der Empfindlichkeitsrückgang im Bereich der niedrigen Frequenzen ist der Architektur der retinalen Ganglienzellen geschuldet. Sie sind in ein Zentrum und ein Umfeld gegliedert (Center-Surround Organisation), die durch Lichteinfall entweder gehemmt oder erregt werden. Diese Art der Informationsverarbeitung ist von grundlegender Bedeutung für die Funktion des visuellen Systems, denn sie macht es unabhängig von globalen Helligkeitsänderungen und empfindlich für scharfe Übergänge, also Kanten und begegnet uns auch an vielen anderen Stellen wieder. Große, als Center-Surround organisierte, rezeptive Felder (jener Teil der Retina, den die Rezeptoren abdecken) reagieren am besten auf geringe Ortsfrequenzen, kleine Felder auf hohe Ortsfrequenzen. Passt der helle Teil eines auf der Retina abgebildeten Sinusgitter genau in die erregende Zellregion, wird die Ganglienzelle darauf mit einem starken Signal antworten. Wir könnten auch sagen, daß sie auf diese Raumfrequenz am besten anspricht.

Das Auflösungsvermögen des visuellen Systems
Der Kontrast

Im Fall von niedrigen Ortsfrequenzen, die durch grobe Gittermuster repräsentiert werden, fallen die hellen Streifen sowohl auf die erregenden als auch auf die hemmenden Zellregionen und die Antwort der Zelle ist null. Da die Größe der rezeptiven Felder begrenzt ist, ist es auch unsere Empfindlichkeit für grobe Strukturen. Und da die Anzahl der Zellen für die verschieden großen rezeptiven Felder unterschiedlich ist, ist auch unsere Wahrnehmungsfähigkeit der verschiedenen Frequenzen unterschiedlich ausgeprägt. Aufgrund dieser Strukturierung haben wir es mit mehreren unterschiedlich empfindlichen

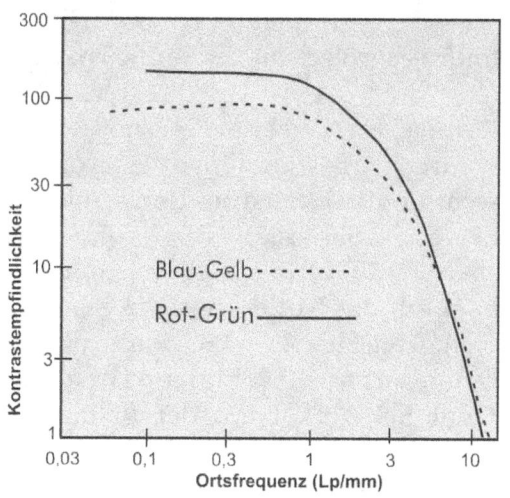

Abb. 16: Kontrastempfindlichkeit der Farbkanäle Blau-Gelb und Rot-Grün (4)

Abb. 17: Campbell-Robson CSF Chart Rot-Grün
Abb. 18: Campbell-Robson CSF Chart Blau-Gelb (3)
Die Empfindlichkeit für niedrige Ortsfrequenzen ist höher als in Abb. 15. Dafür sind hohe Frequenzen etwas weniger gut erkennbar (oben) bzw. sehr viel weniger gut erkennbar (unten)

Wahrnehmungskanälen zu tun, die sich nach außen in der Kontrastempfindlichkeitsfunktion manifestieren.

Visuelle Schärfe

Die Farbe

Der farbempfindliche Was-Kanal des visuellen Systems weist gegenüber dem nur auf Helligkeitsunterschiede ansprechenden Wo-Kanal eine markant andere Kontrastempfindlichkeit auf. Wie Abb. 16 zeigt, ist sie bei geringen Frequenzen (groben Merkmalen) am höchsten und fällt für kleine Details schnell ab. Das bedeutet wir können Differenzen einer Szene, die sich nur in der Farbe unterscheiden, weit weniger gut auseinanderhalten als solche, die auch oder nur einen Helligkeitsunterschied aufweisen. Diese Charakteristik ergibt sich, weil der farbenblinde Wo-Kanal die Potentiale aller drei Photorezeptortypen vereinigt, während in den Gegenfarbkanälen des Was-Systems nur die Informationen von jeweils zwei Rezeptortypen zusammenlaufen. Zudem kommen die für den langwelligen roten, mittelwelligen grünen und kurzwelligen blauen Bereich des Spektrums zuständigen Rezeptoren in stark abnehmender Anzahl vor, so daß das räumliche Auflösungsvermögen entsprechend geringer ausfällt. Wie sich das praktisch bemerkbar macht, können Sie selbst an den Abb. 17 und 18 ausmachen, wenn Sie sie unmittelbar mit Abb. 15 vergleichen.

Das Gesamtauflösungsvermögen des visuellen Systems

Nachdem wir nun die einschränkenden Größen unseres Auflösungsvermögens kennen, interessiert uns natürlich das Ergebnis ihres Zusammenwirkens. Leider läßt es sich nicht durch Multiplikation der Einzelwerte errechnen, denn diese wirken sich je nach Individuum unterschiedlich stark aus. Glücklicherweise können wir den **Visus**, wie das Auflösungsvermögen bzw. die Sehschärfe genannt wird, aber im Gegensatz zu vielen anderen Parametern unseres visuellen Systems, die sich aufgrund ihrer Natur als Empfindungsgrößen nur in Vergleichswerten fassen lassen, auf direktem Weg messen. Dazu dient die schon angesprochene Bestimmung der **Kontrastempfindlichkeitsfunktion** und der klassische **Sehtest**.

Abb. 14 verrät, daß wir im Hinblick auf das Auflösungsvermögen im Helligkeitsbereich (Schwarzweißgittermuster) von **60 Linienpaaren pro Grad Sehwinkel** auf der Retina als Maximalwert bei Menschen mittleren Alters ausgehen dürfen. Am ausgeprägtesten ist die Kontrastempfindlichkeit in der Gegend von 4 Lp/Grad.

Das Gesamtauflösungsvermögen des visuellen Systems

Bei dieser Ortsfrequenz können wir die geringsten Kontrastunterschiede wahrnehmen. Wenn Farbe ins Spiel kommt, können wir der Abb. 16 entnehmen, daß das Auflösungsvermögen für rotgrüne bzw. blaugelbe Gittermuster auf maximal **11 Linienpaare pro Grad Sehwinkel** abfällt, also nur noch gut ein Fünftel des Luminanzwerts beträgt.

Nun handelt es sich dabei um Durchschnittswerte. Wenn Sie wissen wollen, wie groß Ihr persönliches Auflösungsvermögen ist, können Sie beim Augenarzt oder Optiker Ihres Vertrauens einen **Sehtest** machen lassen und den Wert wie nachstehend beschrieben in Linienpaare pro Grad Sehwinkel umrechnen. Sie wissen dann unabhängig vom Durchschnittswert über Ihre eigenen physiologischen Voraussetzungen Bescheid und können Ihre persönliche maximale Bildauflösung ausrechnen. Damit sind Sie für die in den folgenden Abschnitten zur Sprache kommende Umsetzung der Sehschärfe in der Bildreproduktion gut gerüstet.

Beim **Sehtest** müssen gedruckte oder projizierte Norm-Sehzeichen, die in Größe, Helligkeit, Form und Kontrast genau definiert sind, unterschieden werden. Sehzeichen können bestimmte Buchstaben, Zahlen oder, am weitesten verbreitet, der sogenannte **Landoltring** sein. Dabei handelt es sich um einen Kreis mit einer Öffnung, deren Größe exakt $1/5$ des Kreisdurchmessers beträgt und die in acht aufeinanderfolgenden Abbildungen in jeweils um 45° zueinander versetzte, Richtungen weist. Durch das Erkennen der Richtung, in die die Öffnung zeigt, weist der Proband nach, daß sein visuelles Auflösungsvermögen mindestens der Breite der Lücke entspricht.

Als Testergebnis wird der Visus in der Regel als Bruch angegeben in dessen Zähler die Ist-Entfernung steht (die, aus der der Proband das Zeichen erkennt) und dessen Nenner die Normentfernung angibt (die, aus der ein Mensch mit der Sehschärfe 1,0 bzw. 100 % das Zeichen erkennen könnte). Alternativ kann der Visus auch als Dezimalzahl ausgedrückt werden. Erkennt ein Proband also ein Sehzeichen für das die Normentfernung 6 Meter beträgt aus genau dieser Distanz, so beträgt seine Sehschärfe 6/6 oder 1,0. Erkennt er dagegen Eines für das die Normentfernung 15 Meter beträgt aus einer Distanz von nur 6 Metern, so beträgt seine Sehschärfe 6/15 oder 0,4.

Aus einer Vielzahl dieser Tests hat sich ein Auflösungsvermögen von **1 Bogenminute** (1/60°) als zuverlässiger Durchschnittswert für normalsichtige Menschen mittleren Alters ergeben. Deswegen geht der Sehtest von dieser

Visuelle Schärfe

Auflösungs-Sehschärfe als 100% (bzw. 6/6 oder 1,0) aus. Jüngere können eine um bis zu 50% bessere Sehschärfe besitzen, bei Älteren kann sie aufgrund der Degeneration von Hornhaut, Linse oder Netzhaut um bis zu 50% unter den Durchschnitt sinken.

Praktisch bedeutet das Maß von 1 Bogenminute, daß jemand mit dieser Sehschärfe zwei Punkte in einer Entfernung D von 200 mm als getrennt unterscheiden kann, wenn sie 0,0582 mm auseinander liegen. Die genannte Distanz ist insoweit wichtig, als daß sie die durchschnittliche Naheinstellgrenze eines normalsichtigen Erwachsenen darstellt:

Mit zwei weiteren Berechnungen können wir diesen Wert auf das aus dem Abschnitt „Der Kontrast" bekannte Gittermuster mit unterschiedlichen Raumfrequenzen pro Millimeter bzw. pro Grad Sehwinkel (Lp/mm; Lp/°) beziehen.

$$\pi/(60*180) = 0,000291 \ rad$$

$$0,000291 * D$$
$$= 0,000291 * 200 mm$$
$$= 0,0582 mm$$

beziehen. Sie begegnen uns bei der Betrachtung des Auflösungsvermögens der photographischen Komponenten noch häufiger.

Berechnung der Anzahl Linienpaare pro Millimeter:

$$0,0582 \ mm * 2 = 0,1164 \ mm/Lp$$
$$1 \ mm/0,1164 \ mm = 8,6 \ Lp/mm$$

Berechnung der Anzahl Linienpaare pro Grad Sehwinkel:

Formel 3

$$Linienpaare/°$$
$$= 600/Snellen-Nenner$$

$$Für Visus \ 20/20 = 600/20 = 30 \ Lp/°$$

$$Für Visus \ 20/10 = 600/10 = 60 \ Lp/°$$

Umgekehrt läßt sich natürlich auch aus der Anzahl Linienpaare/° auf den Visus schließen:

Formel 4

$$Snellen-Nenner = 600/Anzahl Lp/°$$

Bezogen auf die Kontrastempfindlichkeitsfunktion bedeuten diese Zahlen, daß jemand mit dem durchschnittlichen Auflösungsvermögen 20/20 bei Kontrastreduzierung auf $1/_{10}$ des Maximalwerts nur noch gute 20 Lp/°, bei Verminderung auf $1/_{100}$ nur noch 4,5 Lp/° auflösen kann. Mit dem annähernd besten Visus 20/10 ergeben sich 40 Lp/° bzw. 9 Lp/°.

Um Ihr persönliches maximales Auflösungsvermögen zu berechnen, ermitteln Sie zuerst Ihre eigene Naheinstellgrenze D, indem Sie messen, aus welcher Mindestentfernung Sie beispielsweise eine Buchseite noch scharf erkennen können. Dann lassen Sie beim Augenarzt Ihres Vertrauens einen Sehtest machen und setzen das Ergebnis in Formel 3 ein, um die Anzahl Linienpaare pro Grad zu errechnen:

$D = \ldots\ldots mm$

$Linienpaare/°$
$= 600 / Snellen\text{-}Nenner$
$Linienpaare/°$
$= 600/\ldots\ldots = \ldots\ldots Lp/°$

Nun setzen Sie die beiden zuvor ermittelten Werte in die folgende Formel ein und errechnen die Anzahl Linienpaare/mm für Ihre Naheinstellgrenze D:

Lp/mm
$= Lp/° * (180/\pi) * (1/D)$
$= \ldots\ldots * 57{,}296 * \ldots\ldots = \ldots\ldots$

Visuelle Schärfe

Die Konturenschärfe

Wie scharf, wie klar und deutlich uns die so fein gerasterten Objektkanten erscheinen, hängt vom Erregungszustand der Center/Surround Zellen ab. Ihr Ausgabesignal ist umso größer, je geringer die Hemmung im Zellrand ausfällt, je größer also der Helligkeitsunterschied/Kontrast auf den beiden Seiten der Objektkante ist. Damit ist es an der Zeit, mal einen genauen Blick auf diesen ominösen Typ Ganglienzellen zu werfen. Am besten beginnen wir mit einem praktischen Beispiel.

Betrachten Sie einmal Abb. 19. Da ist eine Abfolge von Flächen unterschiedlicher Graufärbung dargestellt, die in sich keine Farbgraduierung besitzen. Trotzdem fällt Ihnen sicher auf, daß die einzelnen Streifen als Verläufe von hell nach dunkel erscheinen und der Helligkeitsunterschied an den Grenzen verstärkt ist. Dieser Effekt wird nach seinem Entdecker, dem Physiker und Philosophen Ernst Mach (1838-1916), als **Machsche Streifen** bezeichnet und es war lange unklar, wie sie entstehen.

Die Erklärung und gleichzeitig die Erkenntnis, daß Sehen mehr ist als die bloße Beförderung des Retinabildes an eine Stelle im Gehirn an der es betrachtet wird, haben wir Stephen Kuffler (1913-1980) zu verdanken. Seine Forschungen brachten den Beweis dafür, daß Sehen ein Prozess der Informationsverarbeitung ist, denn er entdeckte in den 1950er Jahren den ersten und wichtigsten Schritt dieser Kaskade. Er zeichnete die Aktivität retinaler Ganglienzellen auf und stellte fest, daß er sie mit kleinen Lichtpunkten zum „feuern" anregen konnte. Natürlich war schon lange klar, daß das Auge auf Licht reagiert, aber Kuffler ging sehr systematisch vor und erkannte, daß die Zellen umso besser reagierten, je kleiner der reizende Lichtpunkt war. Aus dem Umstand, daß große Punkte weniger effektiv waren als kleine, schlußfolgerte er, daß die Ganglienzellen durch das auf die Zentren ihrer rezeptiven Felder einfallende Licht nicht nur erregt, sondern gleichzeitig gehemmt wurden, wenn Licht auf die

Abb. 19: Machsche Streifen

Die Konturenschärfe

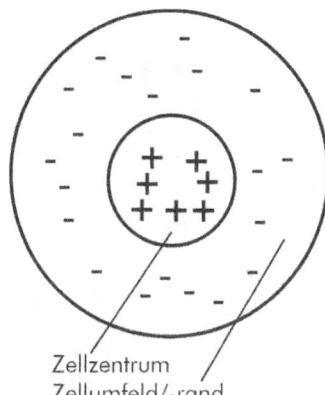

Abb. 20: Eine retinale Ganglienzelle in Center/Surround Organisation. Die Plus- und Minuszeichen zeigen an, welche Bereiche ihres rezeptiven Feldes wie auf Licht reagieren.

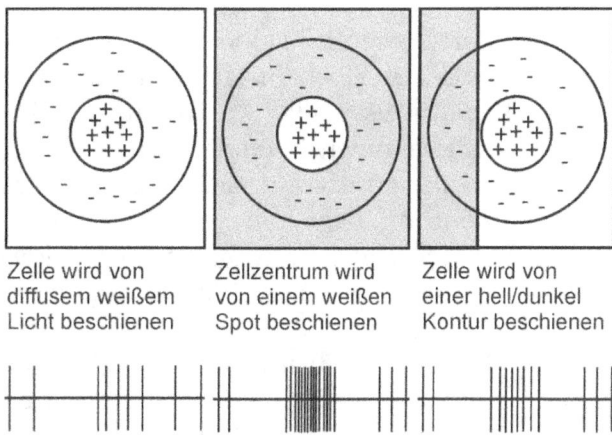

Die kurzen vertikalen Linien repräsentieren die elektrischen Signale der Zelle, jede steht für ein Aktionspotential. Die kurzen horizontalen Linien stehen für die Zeit, in der die Zelle belichtet wurde.

Abb. 21: Center/Surround Verarbeitung als Erklärung der Machschen Streifen

unmittelbare Umgebung der Zentren fiel (Kuffler 1953).

Dieser Zellorganisation wird Center/Surround genannt und ist von fundamentaler Bedeutung für die Reizverarbeitung im Nervensystem, denn sie macht die Zellen empfindlich für die Unterbrechungen der Lichtmuster im Retinabild (die Kanten und Grenzflächen der Objekte) und unempfindlich gegen Änderungen der absoluten Lichtmenge bzw. deren stufenweise Veränderung, die beide von weniger großer Bedeutung sind. Eine ganze Anzahl visueller Wahrnehmungen, beispielsweise Helligkeit, Farbe, Bewegung und räumliche Tiefe basiert auf der Center/Surround Organisation.

Mit der Center/Surround Organisation lassen sich die Machschen Streifen anhand Abb. 21 wie folgt erklären: Zelle A wird durch den im Vergleich dunkelsten Streifen am wenigsten erregt. Das rezeptive Feld von Zelle B fällt dagegen auf den hellsten Streifen, wodurch sie am stärksten erregt wird. Das positiv auf Lichteinfall reagierende Zentrum von Zelle C fällt vollständig in den dunkelsten ersten Streifen, ihr negativ reagierendes Umfeld liegt demgegenüber zu einem Teil innerhalb des etwas helleren zweiten Streifen. Aus diesem Grund generiert das Umfeld eine hemmende Reaktion, die die Zelle im Ergebnis einen dunkleren Streifen „sehen" läßt als jene Zellen,

Visuelle Schärfe

deren rezeptive Felder komplett innerhalb desselben Streifens liegen (beispielsweise Zelle A). Das umgekehrte Phänomen erkennen wir an Zelle D. Ihr positiv auf Licht reagierendes Zentrum liegt ganz im dritten hellsten Streifen, ihr negativ antwortendes Umfeld zu einem Teil im dunkleren Mittelstreifen. Auch hier generiert das Umfeld eine hemmende Reaktion, die die Zelle diesmal einen helleren Streifen „sehen" läßt als Zelle B.

Ganz präzise ist die Kontrastverstärkung (daß die Innenkanten dunkler und die Außenkanten heller erscheinen) an den Grenzen zwischen den einzelnen Streifen in Abb. 19 auf die Konkurrenz zwischen Zellen, deren rezeptive Felder ganz innerhalb eines Streifens liegen und solchen, deren rezeptive Felder zu einem Teil im jeweils anderen Streifen liegen zurückzuführen. Die wahrgenommenen Helligkeitsverläufe innerhalb der Streifen rühren daher, daß die Zellen mit zunehmender Entfernung zur Kante immer weniger und irgendwann gar nicht mehr von ihrem Umfeld gehemmt werden und so eine feine Treppenbildung entsteht.

Abb. 22 zeigt ein Beispiel dafür, wie wir die Center/Surround Organisation durch einfache Kontrasterhöhung an einer Kante nutzen können, um die wahrgenommene Schärfe zu steigern. Die hellgraue Linie auf der linken Seite

Abb. 22: Kontrasterhöhung

zeigt den direkten Übergang zum dunkelgrauen Hintergrund und ist damit so scharf gezeichnet, wie es die Auflösung erlaubt. Die rechte Linie ist dagegen mit einem 1 Pixel breiten dunklen Übergang auf der Außenseite und einem ebenfalls 1 Pixel breiten hellen Übergang auf der Innenseite versehen (siehe Vergrößerung unten). Dies mindert zwar die Auflösung und damit die tatsächliche Schärfe, weil der Übergang nun über einen breiteren Bereich stattfindet, befördert aufgrund des größeren Kontrastes aber die wahrgenommene Kantenschärfe.

2 Abbildungsschärfe I: Optik, geometrische Schärfe, Schärfentiefe

Inhalt

Der Fokus – Echte geometrische Schärfe gibt's nur in einer Ebene
Zerstreuungskreis und Schärfentiefe –
  Wahrgenommene Schärfe erstreckt sich über mehr als eine Ebene
Geometrie und Berechnung der Schärfentiefe
      Schärfentiefe und Blende
      Schärfentiefe und Aufnahmeentfernung
      Schärfentiefe und Brennweite
      Schärfentiefe und Fokuspunkt
      Schärfentiefe und Aufnahmeformat
Abschätzen der Schärfentiefe bei der Aufnahme
Zwischen Aberration und Beugung –
  Nicht jede Blende ist eine gute Blende
Zwischenruf - Der rechnerisch kurze Weg zum scharfen Bild

Abbildungsschärfe I:
Optik, geometrische Schärfe und Schärfentiefe

Der Fokus – Echte geometrische Schärfe gibt's nur in einer Ebene

Um ein visuell scharfes Bild aufzunehmen, müssen wir zuerst einmal für **geometrische Schärfe** sorgen. Anders ausgedrückt müssen wir sicherstellen, daß ein Punkt auch als Punkt abgebildet wird. Um zu verstehen, warum das nicht von allein der Fall ist, tauchen wir für einen Moment in die optischen Grundlagen der Bildentstehung ein. Abb. 23 zeigt ein grundlegendes Abbildungssystem: Ein Objekt, das aufgenommen werden soll, ein Objektiv reduziert auf eine einzige Linse und den Film, der in einer eigenen Ebene liegt.

Das Aufnahmeobjekt reflektiert Licht in alle Richtungen, aber für unsere Betrachtung der Bildentstehung ist nur jener Anteil relevant, der auf die Objektivlinse fällt. Ihn repräsentieren die Linien, welche vom Objektpunkt zu den äußeren Kanten der Linse verlaufen. Sie stellen gleichzeitig die äußere Begrenzung des Strahlenkegels dar, der von jedem einzelnen kleinen Teil des Motivpunkts ausgeht. Jeder dieser Kegel hat seinen Scheitelpunkt am Objekt und seine Basis in der Linsenmitte. Von dort aus wird er auf den Film fokussiert, wodurch sich ein zweiter Strahlenkegel ergibt, der seine Basis ebenfalls in der Linsenmitte hat. Sein Scheitelpunkt liegt dort, wo das scharfe Abbild entsteht. Daraus läßt sich ein mathematischer Zusammenhang zwischen A) der Entfernung vom Linsenmittelpunkt zum scharfen Ab-

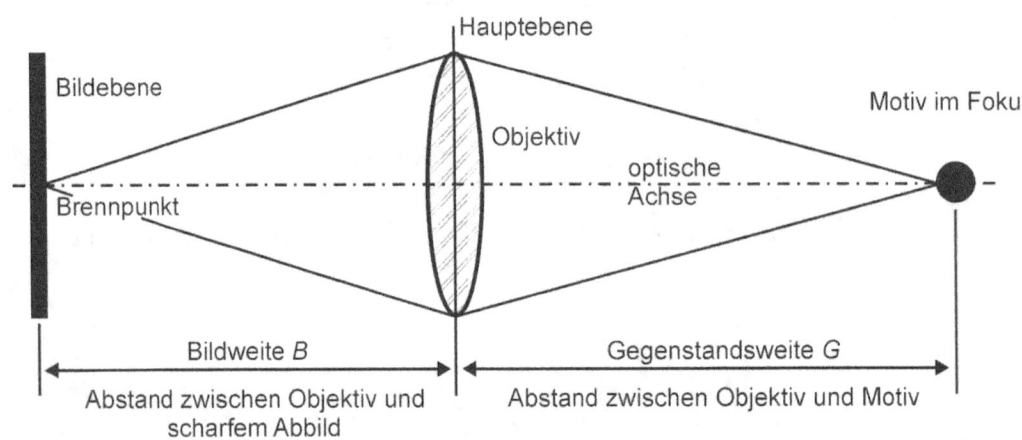

Abb. 23: Ein auf die wesentlichen Elemente vereinfachtes Abbildungssystem

Der Fokus

bild (Bildweite *B*), B) der Entfernung vom Linsenmittelpunkt zum Aufnahmeobjekt (Gegenstandsweite *G*) und C) der Brennweite *f* der Linse herstellen. Er lautet: **Der Kehrwert der Bildweite plus dem Kehrwert der Gegenstandsweite ist gleich dem Kehrwert der Brennweite** oder mathematisch ausgedrückt

Formel 5 (Linsenformel)

$$\frac{1}{B} + \frac{1}{G} = \frac{1}{f}$$

Die Brennweite ist definiert als jene Bildweite, bei der ein im Unendlichen gelegenes, also sehr weit entferntes Objekt, z.B. ein Berg am Horizont, ein Gebäude auf der anderen Seite der Stadt oder der Mond am Himmel, scharf abgebildet wird. In exakt dieser Bildweite liegt die Filmebene. Daraus folgt, daß das scharfe Abbild eines Objekts das näher liegt als unendlich, hinter der Filmebene zu liegen kommt. Dies illustriert Abb. 24. Sie zeigt in a) die Konstellation, in der ein im Unendlichen gelegenes Objekt in der Filmebene abgebildet wird, b) zeigt die Konstellation, in der das scharfe Abbild eines näher als unendlich gelegenen Objekts bei derselben Fokuseinstellung hinter der Filmebene zu liegen kommt. Wenn wir ein scharfes Bild dieses näher als un-

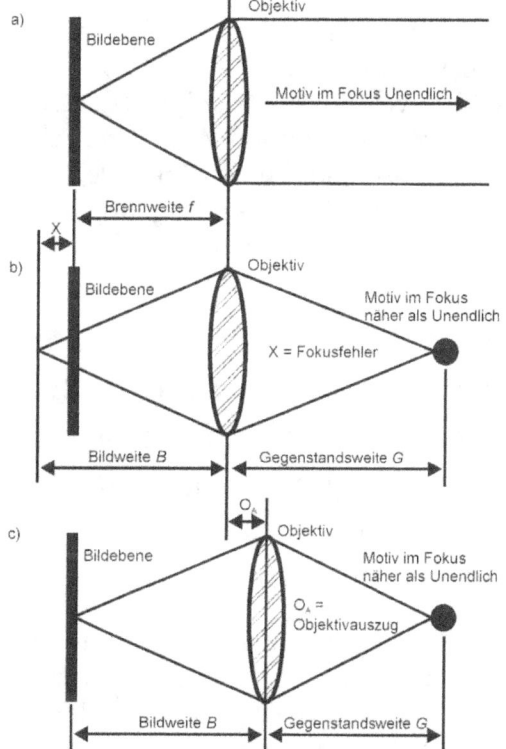

Abb. 24: Fokus unendlich und näher
a) zeigt die scharfe Abb. eines im Unendlichen gelegenen Objekts, b) zeigt die Abb. eines näher gelegenen Objekts bei Einstellung auf Unendlich, c) zeigt die Verschiebung der Linse um den Faktor E.

endlich gelegenen Objekts aufnehmen wollen, müssen wir das Objektiv also so weit von der Filmebene entfernen, dass das scharfe Abbild genau auf ihr zu liegen kommt. Diesen Vorgang, den Abgleich von Brennpunkt und Aufnahmeebene, nennen wir **Fokussieren** und

Abbildungsschärfe I:
Optik, geometrische Schärfe und Schärfentiefe

Ihnen ist bestimmt auch schon aufgefallen, dass sich die Länge der meisten Objektive vergrößert je kürzer Sie die Entfernung einstellen. Abb. 24 c) zeigt, wie das Abbild dieses nähergelegenen Objekts durch Entfernung der Linse von der Filmebene mit dieser in Übereinstimmung gebracht wird.

Als Fokus wird in der geometrischen Optik der Brennpunkt einer optischen Linse oder eines Hohlspiegels bezeichnet. Dies ist jener Ort, in dem die parallel zur optischen Achse einfallenden Lichtstrahlen konvergieren.

Für unsere schärfeorientierte Betrachtung bedeutet dies, das ein Objektiv immer nur die Fokusebene wirklich scharf abbilden kann und alle Objekte, die vor und hinter dieser Ebene liegen, mehr oder weniger unscharf werden. Anders ausgedrückt, nur der Punkt, auf den fokussiert wird, wird auch als Punkt abgebildet. Punkte, die vor oder hinter ihm liegen, werden als mehr oder weniger große Scheiben abgebildet, weil ihr scharfes Abbild vor bzw. hinter der Filmebene liegt. Die Differenz zwischen Filmebene und scharfer Abbildung wird als **Fokusfehler** (X) und die Scheibe als **Zerstreuungskreis** (Z) bezeichnet. Er ist das traditionelle Maß für die Schärfe. Einschränkend muss an dieser Stelle hinzugefügt werden, dass sich „scharf" immer auf die von der Beugung gesetzten Grenzen bezieht. Im Abschnitt „Die Beugung als physikalische Einschränkung" haben wir ja erfahren, warum das so ist.

Zur Vereinfachung der Materie erkläre ich die in Rede stehenden Linsensysteme der Objektive zu einer einzelnen „dünnen Linse". Dies hat den Vorteil, daß wir die Abstände vor und hinter dem Objektiv von nur einer Hauptebene aus messen können. Tatsächliche Objektive bestehen aus mehreren Einzelelementen, die zusammengefasst als „dicke Linse" bezeichnet werden. Sie besitzen normalerweise zwei Hauptebenen, an denen die parallel zur optischen Achse einfallenden Strahlen gebrochen werden.

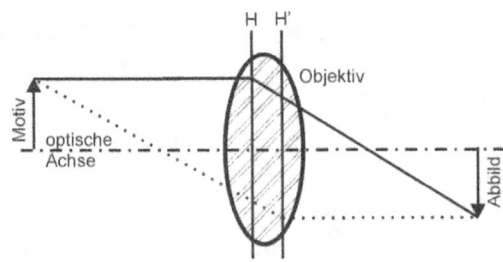

Abb. 25: Hauptebenen
H = Objektseitige Hauptebene der Optik
H' = Bildseitige Hauptebene der Optik
Durchgehend eingezeichnet ist der bildseitige Brennstrahl, gepunktet eingezeichnet ist der objektseitige Brennstrahl.

Wenn man es also ganz genau nimmt, müssen die Entfernungen vor dem Objektiv (z.B. die Gegenstandsweite) und die hinter dem Objektiv (z.B. die Bildweite) von der vorderen bzw. hinteren Hauptebene aus bestimmt werden. Da A) die diesbezüglichen Maße für reale Objektive schwer bis gar nicht zu beschaffen sind und B) die Strecken so klein sind, daß sie in der normalem bildmäßigen Photographie kaum zu Buche schlagen, dürfen sie praktisch aber ruhigen Gewissens unberücksichtigt bleiben.

Zerstreuungskreis und Schärfentiefe – Wahrgenommene Schärfe erstreckt sich über mehr als eine Ebene

Ein Photo entspricht also streng genommen nur in einer einzigen Ebene dem geometrischen Schärfekriterium nach dem ein Punkt als Punkt abgebildet werden muss. Trotzdem erscheinen uns die meisten Bilder in einem größeren Bereich als dieser eigentlichen Fokusebene als scharf. Manchmal haben wir sogar den Eindruck die Aufnahme sei „von vorn bis hinten" durchgängig scharf. Diese Wahrnehmung hat mit der Auflösungstoleranz unseres visuellen Systems zu tun, die dafür sorgt, daß uns ein Zerstreuungskreis bis zu einem gewissen Durchmesser immer noch als Punkt erscheint. Aus diesem Grund erstreckt sich der Bereich der wahrgenommenen Schärfe über eine Zone, die zu einem Teil vor und zu einem anderen hinter dem Fokuspunkt liegt. Sie nennen wir **Schärfentiefe** (S) und sie ist ein mächtiges Mittel in der Gestaltung des Bildes. Ihre Größe hängt direkt vom zugrunde gelegten Zerstreuungskreisdurchmesser ab. Setzen wir ihn großzügig an wächst die Schärfentiefe, gehen wir von einem geringen Wert aus schwindet sie auf ein kleineres Maß. Aber natürlich ist dies kein Wert, den wir willkürlich festlegen können. Die maximal zulässige Größe des Zerstreuungskreises im fertigen Print hängt vom Auflösungsvermögen des visuellen Systems und dem Betrachtungsabstand ab. Im Abschnitt zum Gesamtauflösungsvermögen des visuellen Systems haben wir das Auflösungsvermögen eines Menschen mit durchschnittlicher Sehschärfe 20/20 mit 1 Bogenminute ermittelt. Basierend darauf ergibt sich, daß zwei

Abbildungsschärfe I:
Optik, geometrische Schärfe und Schärfentiefe

Punkte bei einem Betrachtungsabstand von 20 cm mindestens 0,0582 mm voneinander entfernt sein müssen, um als getrennt erkannt zu werden. Bei einem Betrachtungsabstand von 25 cm steigt dieser Wert auf 0,0727 mm, bei 50 cm beträgt er auf 0,145 mm. Erst, wenn der Zerstreuungskreis größer wird als dies auf Basis des visuellen Auflösungsvermögens errechnete Maß, ist der Punkt kein Punkt mehr, sondern als Scheibe erkennbar.

Dies waren die Werte, die für den Zerstreuungskreisdurchmesser im fertigen Print gelten. Um die Schärfentiefe berechnen zu können, brauchen wir aber einen Wert für die Filmebene, müssen also den Vergrößerungsfaktor mit berücksichtigen. Setzen wir ihn für das Kleinbildformat mit 8fach an, so ergibt sich für das Negativ ein physiologisch basierter maximal zulässiger Zerstreuungskreisdurchmesser von 0,0073 mm bei 20 cm Betrachtungsabstand:

$$0,0582 \, mm / 8 = 0,0073 \, mm$$

Allerdings arbeitet die Photoindustrie mit einem davon abweichenden Wert, der auf dem Auflösungsvermögen eines Films aus den 1930er Jahren basiert und in der Gegend von 0,256 mm für den fertigen Print liegt. Bei vorausgesetzter 8facher Vergrößerung errechnet sich darauf ein maximal zulässiger Zerstreuungskreisdurchmesser für das Negativ von

$$0,256 \, mm / 8 = 0,032 \, mm$$

In diesem gut viermal größeren Bereich bewegen sich die Werte, auf denen die Schärfentiefeskalen der Kleinbildobjektive beruhen, die von ebenfalls 8facher Vergrößerung ausgehen. Für Optiken größerer Formate sind sie entsprechend dem geringer anzusetzenden Vergrößerungsfaktor auf das Endformat 20x25 cm abgewandelt. Tabelle 1 auf der folgenden Seite stellt dies zusammen.

Darüber hinaus gibt es mit der **Planlage des Film** noch einen von der Geometrie unabhängigen Faktor, der den Zerstreuungskreisdurchmesser beeinflußt. Leider ist er auch mit den meisten Unwägbarkeiten behaftet und am wenigsten vorhersagbar. Den Test, den Zeiss in (5) publiziert hat, kann man folgende Hinweise entnehmen:

- Kein Film liegt wirklich perfekt flach und eben

- Planfilm verhält sich in dieser Hinsicht günstiger für die Bildschärfe als Kleinbildmaterial

- Der Film wölbt sich in 60% der geprüften Kleinbildkameras um durch-

Zerstreuungskreis und Schärfentiefe – Wahrgenommene Schärfe erstreckt sich über mehr als eine Ebene

Tabelle 1 Konservative Zerstreuungskreisdurchmesser und Aufnahmeformate			
Format	Normalbrennweite	Vergrößerungsfaktor auf 20x25 cm	Zerstreuungskreis-Durchmesser
Kleinbild 24 x 36 mm	50 mm	8x	0,032 mm
6 x 6 cm	80 mm	5x	0,055 mm
6 x 7 cm	100 mm	4x	0,064 mm
4 x 5" (10 x 13 cm)	200 mm	2x	0,128 mm
8 x 10" (20 x 25 cm)	400 mm	1x	0,25 mm

schnittlich 0,2 mm

• Die Planlage verändert sich mit der Zeit nach dem Transportvorgang. Kleinbildfilm liegt nach gut 30 Minuten ebener, aber beim Mittelformat nimmt die Wölbung mit der Zeit zu. Sie ist nach bis zu 5 Minuten gering, nach 15 Minuten schon bedeutsam und erreicht ihren Maximalwert nach rund 2 Stunden.

• Rollfilm vom Typ 220 bietet eine um den Faktor 2 bessere Planlage als 120er

• Zeiss urteilt daher für den MF-Bereich wie folgt: *„Benutzen Sie Rollfilm 220 und belichten Sie ihn so schnell sie können."*

Daraus können wir lernen, daß Filmrückteile, die die Planlage mittels Unterdruck verbessern, keine reinen Spielzeuge sind, sondern einen echten Nutzen für die Bildqualität besitzen. Den durch die Wölbung verursachten Zerstreuungskreis können wir für die Fokuseinstellung nahe unendlich wie folgt berechnen:

Formel 6

$Z_{Wölbung}$ = Wölbung/Blendenzahl

Für den Durchschnittswert von 0,2 mm und Blende 5,6 ergibt sich daraus ein Zerstreuungskreis von 0,036 mm. Das ist mehr als der reine konservative Zerstreuungskreisdurchmesser an der Grenze der Schärfentiefe! Aus diesem Grund sollte immer ein wenig mehr, im Bereich einer Stufe, als eigentlich nötig abgeblendet werden. Digitalkameras sind durch mangelnde Planlage des Aufnahmemetarials natürlich nicht betroffen. Ihr Bildsensor ist schließlich steif und kann sich nicht wölben. Das ist ein großer Vorteil für die Gesamtschärfeleistung des Aufnahmesystems.

Abbildungsschärfe I:
Optik, geometrische Schärfe und Schärfentiefe

Nachdem wir nun den nach konservativer Betrachtung maximal zulässigen Zerstreuungskreisdurchmesser mit seinem auf durchschnittlichen physiologischen Daten beruhenden Pendant verglichen haben, könnte man annehmen, daß der erste Wert und die auf ihm basierenden Schärfentiefeskalen der Objektive grundsätzlich zu unscharfen Aufnahmen führen. – Schließlich ist er gut dreimal größer als der zweite Faktor. Aber keine Angst, aus der Praxis wissen wir bereits, daß dem nicht so ist. Der Unterschied zwischen *scharf* und *unscharf* ist mehr als fließend und

Den scharfen Eindruck an sich gibt es nicht! Das Konzept der Schärfentiefe erklärt, warum uns manche Bereiche eines Photos scharf erscheinen und andere nicht.

den scharfen Eindruck an sich gibt es nicht. Der physiologische Wert stellt lediglich die Grenze dar, oberhalb der jemand mit durchschnittlichem Sehvermögen 20/20 zusätzliche geometrische Schärfe nicht mehr wahrnehmen kann. Der konservative Wert von 0,032 mm liegt dagegen wahrscheinlich recht nah an der Untergrenze dessen, was nötig ist, um überhaupt einen scharfen Eindruck zu erzielen. Zwischen beiden Werten liegt ein

„Schärfefenster" praktisch nutzbarer Zerstreuungskreisdurchmesser, die bei durchschnittlichem Sehvermögen und ohne den direkten Vergleich mit einer Aufnahme, der ein geringerer Zerstreuungskreisdurchmesser zugrunde liegt, alle *einen* visuell scharfen Eindruck gewährleisten. Aber: Ein geringerer Zerstreuungskreisdurchmesser führt innerhalb dieses Fensters immer zu einem schärferen Eindruck!

In der Praxis ist der physiologisch basierte Wert von 0,0582 mm viel zu rigide. Denn wie wir in den folgenden Abschnitten sehen werden, führt er zu schon bei mittleren Blenden einsetzender Beugungsbegrenzung und einer vergleichsweise geringen Ausdehnung der Schärfentiefe bei optimaler Blende.

Aus diesen Gründen, und weil er zu einem durchaus guten Schärfeeindruck führt, ist es praxisnäher mit einem Wert von 0,2 mm für den fertigen Print zu rechnen. Bei 8facher Vergrößerung führt er zu einem maximal zulässigen Zerstreuungskreisdurchmesser $z = 0,025$ mm im Negativ. Ihn wollen wir im Folgenden als *progressiven Wert* nutzen.

Geometrie und Berechnung der Schärfentiefe

Der Eingangsabschnitt hat uns gezeigt, daß eine Differenz zwischen Filmebene und scharfer Abbildung, der **Fokusfehler X**, zur unscharfen Abbildung eines Bildpunktes als **Zerstreuungskreis Z** führt. An dieser Stelle ist es nun sinnvoll eine Unterscheidung vorzunehmen zwischen dem **Zerstreuungskreis Z**, der unter bestimmten Bedingungen existiert, und dem **maximal zulässigen Zerstreuungskreis z** einerseits bzw. dem ebenfalls unter bestimmten Bedingungen vorkommenden **Fokusfehler X** und dem **maximal zulässigen Fokusfehler x**. Die visuell fundierte maximal zulässige Größe des Zerstreuungskreises haben wir zuvor bestimmt, nun interessiert uns, wie groß der Fokusfehler maximal sein darf, ohne daß die Unschärfe im Bild wahrnehmbar wird. Auf diesem Weg betrachten und bestimmen wir quasi zuerst die **bildseitige Schärfentiefe**, die auch als **Fokustiefe** bezeichnet wird, und leiten dann über zur praktisch relevanteren motivseitigen Schärfentiefe.

Abb. 26 illustriert den Zusammenhang zwischen Zerstreunngskreis Z, Fokusfehler X, Bildweite B und wirksamem Blendendurchmesser D, der sich mathematisch in der folgenden Formel ausdrückt:

Formel 7

$$Z = \frac{X}{B} * D$$

Wenn wir davon ausgehen, daß die Bildweite annähernd gleich der Brennweite ist (was in der Regel der Fall ist, sobald die Objektiv-Objekt-Entfernung mindestens der zehnfachen Objektivbrennweite entspricht), können wir die Formel vereinfachen:

Formel 8

$$Z = \frac{X}{f} * \frac{f}{N} = \frac{X}{N}$$

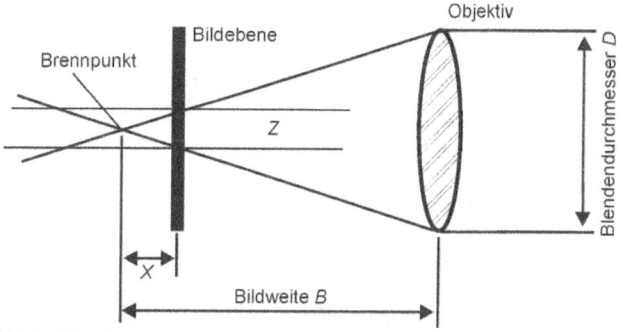

Abb. 26: Zerstreuungskreis und Fokusfehler bzw. bildseitige Schärfentiefe
Innerhalb des Bereichs des maximal zulässigen Fokusfehlers x wird der Durchmesser des maximal zulässigen Zerstreuungskreisdurchmessers z nicht überschritten.

Abbildungsschärfe I:
Optik, geometrische Schärfe und Schärfentiefe

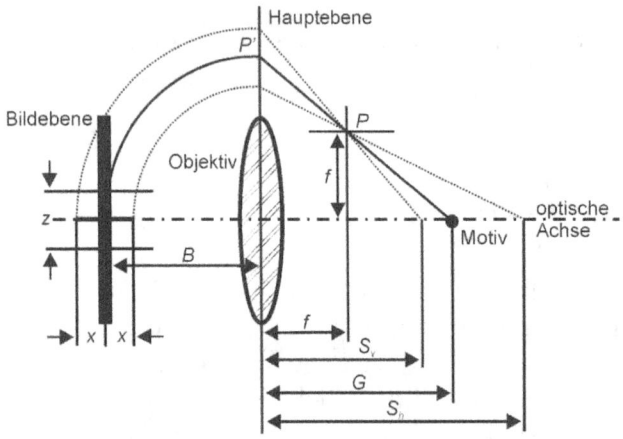

Abb. 27: Motivseitige Schärfentiefe
Die Strecke Sv – Sh markiert die Gesamtschärfentiefe S.

Aus der Vereinfachung können wir Ablesen, daß A) die Brennweite f keine Rolle für die Größe des Zerstreuungskreises spielt, weil sie sich wegkürzt, B) sich sein Durchmesser direkt proportional zum Fokusfehler X und C) umgekehrt proportional zur Blendenzahl N verhält.

Der maximal zulässige Fokusfehler x ergibt sich wie folgt:

Formel 9

$$X = N * z$$

Der maximal zulässige Fokusfehler x, der auf beiden Seiten der Bildebene (die Strecke zwischen der Bildebene und dem Punkt B_v bzw. der Bildebene und dem Punkt B_h in der Abb. 26 jeweils gleich groß ist, ist demzufolge gleich dem Produkt aus maximal zulässigem Zerstreuungskreis z und eingestellter Blendennummer N. Für Blende 4 und $z=0{,}03$ mm ergibt sich so beispielsweise:

$$x = 4 * 0{,}025\ mm = 0{,}12\ mm$$

Um von hier aus auf die Ausdehnung der bildseitigen Schärfentiefe schließen zu können, brauchen wir die unterschiedlichen Bildweiten. Also die Abstände zwischen der Hauptebene und der Bildebene B bzw. zwischen der Hauptebene und der vorderen- und hinteren Grenze der bildseitigen Schärfentiefe B_v und B_h. Diese Bildweiten ermitteln wir durch Umstellen der Linsenformel (Formel 5):

Formel 10

$$B = \frac{G * f}{G - f}$$

Für eine Situation in der das Objektiv mit der Brennweite $f = 50$ mm auf eine Entfernung $G = 2000$ mm (gemessen von seiner Vorderseite) eingestellt ist ergibt sich so:

$$B = \frac{2000\,mm * 50\,mm}{2000\,mm - 50\,mm}$$

$$B = \frac{10000\,mm}{1950\,mm} = 51{,}28\,mm$$

Geometrie und Berechnung der Schärfentiefe

Der Abstand zu B_v vor der Filmebene entspricht $B-x$, der zu B_h hinter der Filmebene ist gleich $B+x$:

$B_v = 51{,}28\,mm - 0{,}1\,mm = 51{,}18\,mm$

$B_h = 51{,}28\,mm + 0{,}1\,mm = 51{,}38\,mm$

Damit besitzen wir die Werte für die bildseitige Schärfentiefe der Kombination $f = 50$ mm, $f/4$, $z = 0{,}025$ mm, $G = 2000$ mm. In Wirklichkeit sind wir aber an der Ausdehnung des scharfen Bereichs auf der Objektseite interessiert. Schließlich wollen wir wissen, welcher Teil *unseres Motivs* im Bild akzeptabel scharf erscheinen wird. Um ihn zu ermitteln, projizieren wir die Punkte B_v und B_h auf diese andere Seite. Dies sind die Punkte S_v und S_h in Abb. 27. Formel 5 (die **Linsenformel**) gibt uns nach einer anderen Umstellung die Möglichkeit dazu, denn sie setzt ja Bildweite B, Gegenstandsweite G und Brennweite f in eine Beziehung zueinander:

Formel 11

$$G = \frac{f * B}{B - f}$$

Für unseren beispielhaften Fall ergeben sich dann harte Zahlen nach den drei folgenden Berechnungen:

$$G_1 = S_h = \frac{f * B_v}{B_v - f}$$

$$G_1 = S_h = \frac{50mm * 51{,}18mm}{51{,}18mm - 50mm}$$

$$G_1 = S_h = \frac{2559mm}{1{,}18mm}$$

$$G_1 = S_h = 2166{,}6mm = 2{,}16m$$

$$G = \frac{f * B}{B - f}$$

$$G = \frac{50mm * 51{,}28mm}{51{,}28mm - 50mm}$$

$$G = \frac{2564mm}{1{,}28mm}$$

$$G = 2003{,}12mm = 2{,}00m$$

$$G_2 = S_v = \frac{f * B_h}{B_h - f}$$

$$G_2 = S = \frac{50mm * 51{,}38mm}{51{,}38mm - 50mm}$$

$$G_2 = S = \frac{2569mm}{1{,}38mm}$$

$$G_2 = S = 1861{,}6mm = 1{,}86m$$

Abbildungsschärfe I:
Optik, geometrische Schärfe und Schärfentiefe

Liste der Formelkurzzeichen und Abkürzungen

f .... Brennweite
N .... Blendenzahl
D .... Blendendurchmesser
A .... Abstand Objektiv-Film
Z .... Zerstreuungskreis
z .... maximal zulässiger Zerstreuungskreis
X .... Fokusfehler
x .... maximal zulässiger Fokusfehler
G .... Gegenstandsweite
B .... Bildweite, Abstand zwischen (bildseitiger) Hauptebene und scharfem Abbild
B_v .... Vordere Grenze der Fokustiefe
B_h .... Hintere Grenze der Fokustiefe
S .... Gesamtschärfentiefe
S_v .... vordere Grenze der Schärfentiefe
S_h .... hintere Grenze der Schärfentiefe
H .... Hyperfokaldistanz
F .... Formatfaktor
O_A .... Objektivauszug
Fd .... Fokusdistanz
Bd .... Bilddiagonale

Das Ergebnis für G entspricht nicht ganz unserer zugrunde gelegten Gegenstandsweite von 2000 mm, ist aber angesichts des Umstands, daß es sich hier um eine Näherungsformel handelt, genau genug. Nach diesen Berechnungen müssen wir an dieser Stelle erstmal festhalten, daß sich die objektseitige Schärfentiefe nun nicht mehr so schön symmetrisch verteilt, wie das beim zulässigen Fokusfehler/ der bildseitigen Schärfentiefe der Fall war:

$G_1 - G = 2166{,}6 mm - 2003{,}12 mm$

$G_1 - G = 163{,}48 mm$

$G - G_2 = 2003{,}12 mm - 1861{,}6 mm$

$G - G_2 = 141{,}52 mm$

Dieser nichtsymmetrischen Aufteilung, hervorgerufen durch die der Formel 10 innewohnende Nichtlinearität, werden wir im weiteren Verlauf unserer Betrachtung der Eigenschaften der Schärfentiefe noch mehrmals begegnen. Nun ist es zugegeben ziemlich aufwendig und kompliziert, die Schärfentiefe auf diese zum Verständnis der grundlegenden Beziehungen notwendigen Art und Weise auszurechnen. Aus diesem Grund wollen wir die Linsenformel (Formel 1) direkt nach Gegenstandsweite G, Brennweite f und zulässigem Fokusfehler x auflösen:

Geometrie und Berechnung der Schärfentiefe

Formel 12

$$G_1 = S_v = \frac{(f^2 * G) + (x * f * G) - (x * f^2)}{f^2 - (x * f) + (x * G)}$$

Formel 13

$$G_2 = S_h = \frac{(f^2 * G) - (x * f * G) + (x * f^2)}{f^2 + (x * f) - (x * G)}$$

Setzen wir kurz die Werte ein, um zu prüfen ob alles stimmt:

$$G_1 = S_v = \frac{(50^2 * 2000) + (0{,}1 * 50 * 2000) - (0{,}1 * 50^2)}{50^2 - (0{,}1 * 50) + (0{,}1 * 2000)}$$

$$G_1 = S_v = \frac{5009750}{2695} = 1858{,}9 \, mm = 1{,}86 \, m$$

$$G_2 = S_h = \frac{(50^2 * 2000) - (0{,}1 * 50 * 2000) + (0{,}1 * 50^2)}{50^2 + (0{,}1 * 50) - (0{,}1 * 2000)}$$

$$G_2 = S_h = \frac{4990250}{2305} = 2164{,}9 \, mm = 2{,}16 \, m$$

Wunderbar, alles korrespondiert prima mit den weiter oben ermittelten Zahlen! Die Gesamtschärfentiefe ergibt sich indem man S_v von S_h subtrahiert oder Formel 14 ausrechnet:

Formel 14

$$S = 2Nz \frac{G(G-f)}{f^2 - \left(Nz \frac{G-f}{f}\right)^2}$$

Natürlich ist dieser Fußweg auf die Dauer zu umständlich. Deshalb empfehle ich einen der zahlreichen im Web zur Verfügung stehenden Schärfentiefe-Rechner. Ich will aber gleich darauf hinweisen, daß die Ergebnisse nur Richtwerte sind: Die Berechnung ist nicht exakt. Jedes Objektiv hat optische Fehler, Filme erzeugen Lichthöfe, der genaue Zerstreuungskreisdurchmesser hängt ab vom Betrachtungsabstand und vom Auflösungsvermögen des Auges. Alles in allem haben wir es aber trotzdem mit sehr guten Näherungen zu tun. In den folgenden drei Abschnitten werden wir die in den Formeln zusammengefügten Faktoren **Blende**, **Aufnahmeabstand** und **Brennweite** variieren, um zu sehen wie sich dies auf die Schärfentiefe auswirkt.

Abbildungsschärfe I:
Optik, geometrische Schärfe und Schärfentiefe

Schärfentiefe und Blende

Abblenden erhöht die Schärfentiefe und die Berechnungen auf der nächsten Seite erklären das Verhalten wie folgt: Eine größere Blendenzahl vergrößert den Nenner in der Berechnung von D_v und verringert ihn in der Berechnung von D_h. Im Ergebnis verringert sich D_v und D_h vergrößert sich. Allerdings wächst D_h stärker als D_v, so daß der akzeptabel scharfe Bereich hinter dem Fokuspunkt überproportional stark zunimmt. Die Tabelle 2 zeigt dies deutlich für einen größeren Blendenbereich.

Warum kleinere Blenden für größere Schärfentiefe sorgen, können wir uns neben der mathematischen Herleitung auch noch auf einem praktischen Weg vergegenwärtigen. Zunächst machen wir uns einmal klar, was die Blendenzahl bedeutet. $f/5{,}6$ gibt das Verhältnis zwischen Brennweite f und Größe der Eintrittspupille an. Bei einem 50 mm Objektiv beträgt diese freie Öffnung $50/5{,}6 = 8{,}93$ mm, bei einem 100 mm Objektiv $100/5{,}6 = 17{,}86$ mm – richtig, das doppelte des zuvor errechneten Werts. Das muss so sein, weil sich mit der Verdoppelung der Brennweite der Blickwinkel der Optik halbiert und damit auch nur noch halb so viel Licht zur Belichtung zur Verfügung steht. Ganz streng genommen bestimmt also der Blickwinkel des Objektivs über die Blendengröße und in jedem verzerrungsfreien Objektiv ist dieser umgekehrt proportional zur Brennweite. Die Blendengröße wiederum verhält sich umgekehrt proportional zum Blickwinkel. Bei Weitwinkelobjektiven hingegen hängt der Blickwinkel auch von der Bauart ab. 16 mm Optiken gibt es beispielsweise mit 180° Blickwinkel (Vollformat-Fischaugen) oder mit 95° Blickwinkel und die Fischaugen kommen mit einer kleineren Öffnung aus. Bei ihnen ergibt sich die Blendengröße nicht aus einer einfachen umgekehrt-proportionalen Funktion. Vielmehr sind komplizierte Winkelfunktionen beteiligt.

Kleine Blendenzahlen stehen für große effektive Öffnungen. Große Blendenzahlen repräsentieren umgekehrt kleine Öffnungen.

Von einer ganzen Stufe zur Nächsten unterscheiden sich die Blendenwerte um den Faktor Wurzel aus 2 (=

Tabelle 2 Schärfentiefe und Blende
$f=50$ mm, $D=10$ m

Blende	Nahpunkt D_1	Fernpunkt D_2	Schärfentiefe
1,8	8,2 m	12,7 m	4,5 m
2	8,1 m	13,1 m	5,1 m
2,8	7,5 m	15,0 m	7,5 m
4	6,8 m	19,1 m	12,4 m
5,6	6,0 m	30,2 m	24,2 m
8	5,1 m	223,2 m	218,1 m
11	4,3 m	unendlich	unendlich

Geometrie und Berechnung der Schärfentiefe
Schärfentiefe und Blende

Berechnung der vorderen und hinteren Grenze der Schärfentiefe (Sv und Sh) für die Kombination f=50 mm, G=5000 mm, **f/5,6**, z=0,03 mm

$$Sv = \frac{Gf^2}{(f^2 + Nz(G-f))}$$

$$Sv = \frac{5000 * 50^2}{(50^2 + 5,6 * 0,03 * (5000 - 50))}$$

$$Sv = \frac{12500000}{(2500 + 0,168 * 4950)}$$

$$Sv = \frac{12500000}{(2500 + 831,6)}$$

$$Sv = \frac{12500000}{3331,6}$$

$$Sv = 3751,95 \, mm = 3,75 \, m$$

$$Sh = \frac{Gf^2}{(f^2 - Nz(G-f))}$$

$$Sh = \frac{5000 * 50^2}{(50^2 - 5,6 * 0,03 * (5000 - 50))}$$

$$Sh = \frac{12500000}{(2500 - 0,168 * 4950)}$$

$$Sh = \frac{12500000}{(2500 - 831,6)}$$

$$Sh = \frac{12500000}{1668,4}$$

$$Sh = 7492,2 \, mm = 7,49 \, m$$

Berechnung der vorderen und hinteren Grenze der Schärfentiefe (Sv und Sh) für die Kombination f=50 mm, G=5000 mm, **f/8**, z=0,03 mm

$$Sv = \frac{Gf^2}{(f^2 + Nz(G-f))}$$

$$Sv = \frac{5000 * 50^2}{(50^2 + 8 * 0,03 * (5000 - 50))}$$

$$Sv = \frac{12500000}{(2500 + 0,24 * 4950)}$$

$$Sv = \frac{12500000}{(2500 + 1188)}$$

$$Sv = \frac{12500000}{3688}$$

$$Sv = 3369,37 \, mm = 3,39 \, m$$

$$Sh = \frac{Gf^2}{(f^2 - Nz(G-f))}$$

$$Sh = \frac{5000 * 50^2}{(50^2 - 8 * 0,03 * (5000 - 50))}$$

$$Sh = \frac{12500000}{(2500 - 0,248 * 4950)}$$

$$Sh = \frac{12500000}{(2500 - 1188)}$$

$$Sh = \frac{12500000}{1312}$$

$$Sh = 9527,4 \, mm = 9,53 \, m$$

Abbildungsschärfe I:
Optik, geometrische Schärfe und Schärfentiefe

1,4142...), weil wir hier mit einem Flächenmaß arbeiten und die Lichtmenge mit dem Quadrat des Öffnungsdurchmessers wächst. Aus diesem Grund ergibt sich die folgende Reihe der ganzen Blendenwerte, die von Stufe zu Stufe immer halb soviel bzw. doppelt so viel Licht durchlassen:

1,0   1,4   2,0   2,8   4,0   5,6   8   1   16   22   32   45 ...

Bevor jetzt einer schreit: „*Das ist zu ungenau*" gebe ich ich es lieber gleich zu: In der korrekten Formel steht statt Verhältnis zwischen Brennweite und Pupillengröße in Wirklichkeit Verhältnis zwischen Bildweite und Pupillengröße. Die Bildweite ist nicht gleich der Brennweite, sondern hängt auch von der Gegenstandsweite ab. In der praktischen Photographie kann dieser Unterschied aber vernachlässigt werden,

denn erst bei extremen Nahaufnahmen weichen die Werte so stark voneinander ab, daß ein Korrekturfaktor für die Belichtung berücksichtigt werden muss. Sofern Sie *TTL*, also durchs Objektiv messen, brauchen Sie sich darum aber nicht zu kümmern, denn die Messelektronik berücksichtigt ihn automatisch. Die Blendengröße, die Sie erkennen, wenn Sie durchs Objektiv schauen oder die Sie messen, wenn Sie die Optik zerlegen, kann sich von dem errechneten Wert unterscheiden. Er wäre korrekt, wenn sich die Blende direkt vor dem Frontelement befinden würde. Sitzt sie aber weiter hinten im Strahlengang, kann sie kleiner ausfallen. In jedem Fall bleibt das Verhältnis zwischen den einzelnen Stufen aber dasselbe.

Nun wissen wir, was Blendenzahl und Blende sind und wenden uns ihrer optischen Bedeutung in der Bildentstehung zu, wie sie in Abb. 28 dargestellt ist. Dort sehen wir, daß die Blende die durch das Objektiv fallende Lichtmenge verringert, indem sie den Strahlengang vom Rand her beschneidet. Eine kleine Blende engt ihn stärker ein als eine große, sie verschlankt ihn quasi. Dadurch sind die Zerstreuungskreise bei selber Entfernung und Fokuseinstellung ebenfalls kleiner und bleiben über einen größeren Bereich vor bzw. hinter der Fokusebene in einem uns

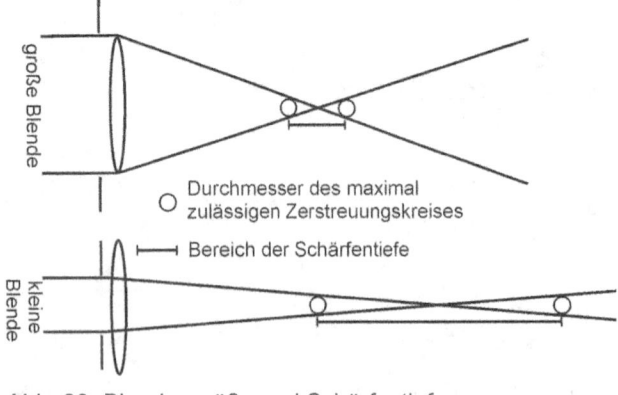

Abb. 28: Blendengröße und Schärfentiefe

scharf erscheinenden Maß. Die genaue Größe dieses Bereichs hängt natürlich vom Durchmesser des zugrunde gelegten Zerstreuungskreises ab. Wenn wir die richtige Blende für einen vorausbestimmten Bereich der Schärfentiefe berechnen wollen, so können wir das mit Formel 15 tun:

Formel 15

$$N = \frac{f^2 * (S_h - S_v)}{z * 2 * S_v * S_h}$$

Für den praktischen Fall aus $f = 50$ mm, $D_h = 7$ m, $D_v = 3$ m, $z = 0{,}03$ mm ergibt sich:

$$N = \frac{50^2 * (7000 - 3000)}{0{,}03 * 2 * 3000 * 7000}$$

$$N = \frac{10000000}{1260000} = 7{,}94$$

Und demzufolge ist unsere gesuchte Blende angenähert $f/8$.

Schärfentiefe und Aufnahmeentfernung

Der Einfachheit halber nehmen wir hier wieder die aus den Berechnungen zur Blende bekannten Größen an (f=50 mm, $f/8$, z=0,03 mm) und variieren die Gegenstandsweite zwischen G=5000 mm und G=10000 mm (siehe nächste Seite).

Für G=5000 mm ergibt sich eine Gesamtschärfentiefe von
111,6 m - 2,56 = 109,04 m.

Für G=10000 mm ergibt sich
223,2 m – 5,11 m = 218,1 m

Die Schärfentiefe nimmt also mit wachsender Gegenstandsweite (Motiventfernung) zu. Je weiter entfernt wir die Kamera vom Motiv aufstellen, umso größer wird der scharf abgebildete Bereich sein. Landschaftsaufnahmen besitzen deshalb von ganz allein eine im Vergleich zu Makros große Schärfentiefe, weil die Motive in ihnen so weit entfernt sind. Rechnerisch erklären die Formeln dies genau wie im Fall der Blende: Eine größere Gegenstandsweite vergrößert den Nenner in der Berechnung von D_v und verringert ihn in der Berechnung von D_h. Im Ergebnis verringert sich D_v und D_h vergrößert sich. Und auch hier wächst D_h stärker als D_v, so daß der akzeptabel

Abbildungsschärfe I:
Optik, geometrische Schärfe und Schärfentiefe

Berechnung der vorderen und hinteren Grenze der Schärfentiefe (Sv und Sh) für die Kombination f=50 mm, **G=5000 mm**, f/5,6, z=0,03 mm

$$Sv = \frac{Gf^2}{(f^2 + Nz(G-f))}$$

$$Sv = \frac{5000 * 50^2}{(50^2 + 8 * 0{,}03 * (10000 - 50))}$$

$$Sv = \frac{12500000}{(2500 + 0{,}24 * 9950)}$$

$$Sv = \frac{12500000}{(2500 + 2388)}$$

$$Sv = \frac{12500000}{4888}$$

$$Sv = 2557{,}3\, mm = 2{,}56\, m$$

$$Sh = \frac{Gf^2}{(f^2 - Nz(G-f))}$$

$$Sh = \frac{5000 * 50^2}{(50^2 - 8 * 0{,}03 * (10000 - 50))}$$

$$Sh = \frac{12500000}{(2500 - 0{,}248 * 9950)}$$

$$Sh = \frac{12500000}{(2500 - 2388)}$$

$$Sh = \frac{12500000}{112}$$

$$Sh = 111607{,}1\, mm = 111{,}6\, m$$

Berechnung der vorderen und hinteren Grenze der Schärfentiefe (Sv und Sh) für die Kombination f=50 mm, **G=10000 mm**, f/8, z=0,03 mm

$$Sv = \frac{Gf^2}{(f^2 + Nz(G-f))}$$

$$Sv = \frac{10000 * 50^2}{(50^2 + 8 * 0{,}03 * (10000 - 50))}$$

$$Sv = \frac{25000000}{(2500 + 0{,}24 * 9950)}$$

$$Sv = \frac{25000000}{(2500 + 2388)}$$

$$Sv = \frac{25000000}{4888}$$

$$Sv = 5114{,}6\, mm = 5{,}11\, m$$

$$Sh = \frac{Gf^2}{(f^2 - Nz(G-f))}$$

$$Sh = \frac{10000 * 50^2}{(50^2 - 8 * 0{,}03 * (10000 - 50))}$$

$$Sh = \frac{25000000}{(2500 - 0{,}248 * 9950)}$$

$$Sh = \frac{25000000}{(2500 - 2388)}$$

$$Sh = \frac{25000000}{112}$$

$$Sh = 223214{,}3\, mm = 223{,}2\, m$$

Geometrie und Berechnung der Schärfentiefe
Schärfentiefe und Aufnahmeentfernung

Tabelle 3 Schärfentiefe und Aufnahmeentfernung					
Blende	Entfernung	Nahpunkt D1	Fernpunkt D2	Schärfentiefe	Verhältnis
f/1,8	10 m	8,2 m	12,7 m	4,5 m	1:1,5
f/1,8	15 m	11,3 m	22,2 m	10,8 m	1:1,9
f/1,8	20 m	14,0 m	35,2 m	21,2 m	1:2,5
f/1,8	40 m	21,5 m	292,5 m	271,0 m	1:13,6

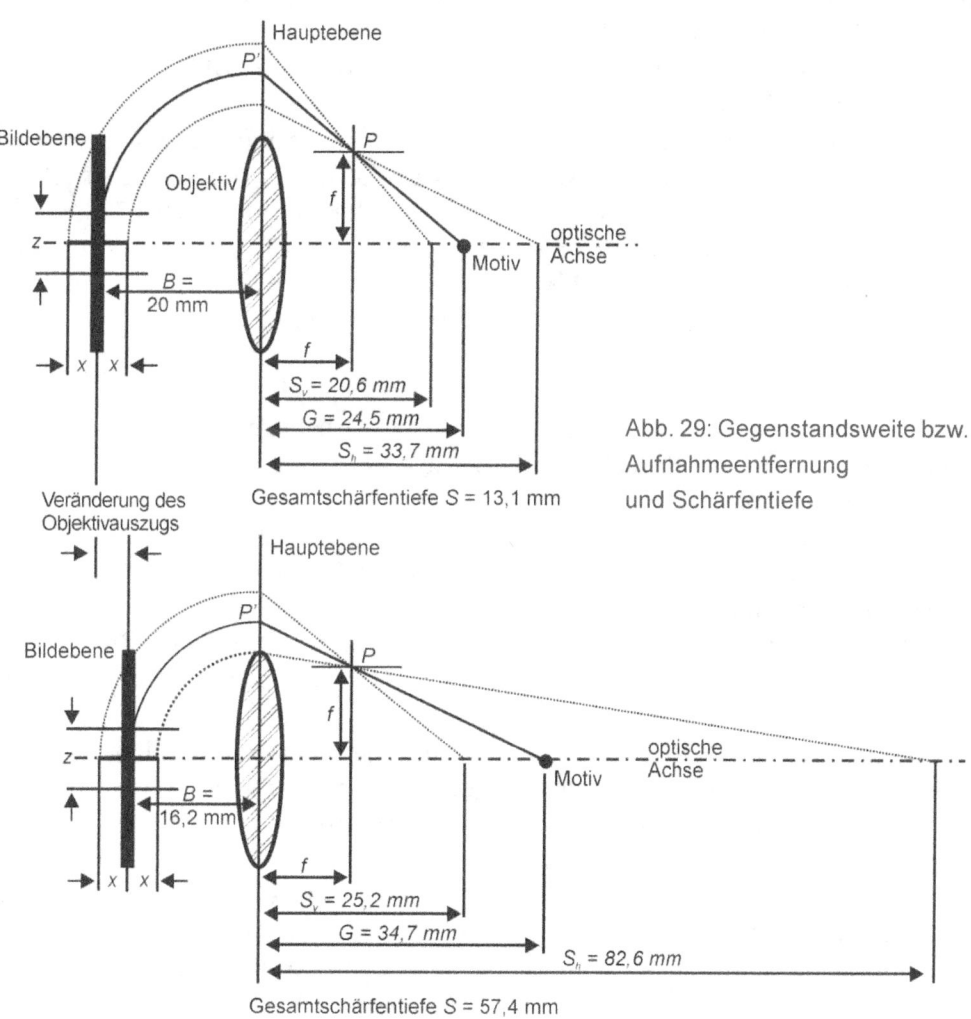

Abb. 29: Gegenstandsweite bzw. Aufnahmeentfernung und Schärfentiefe

Abbildungsschärfe I:
Optik, geometrische Schärfe und Schärfentiefe

scharfe Bereich hinter dem Fokuspunkt überproportional stark zunimmt. Tabelle 3 zeigt dies deutlich für einen größeren Entfernungsbereich. Bei geringen Distanzen liegt das Verhältnis bei 1:1. Mit zunehmender Entfernung verändert sich diese Aufteilung jedoch immer stärker zugunsten des Hintergrunds. Dies geschieht in genau demselben Verhältnis, in dem Fernpunkt und Nahpunkt zueinander stehen. Daraus folgt, daß die viel zitierte Aufteilung der Schärfentiefe im Verhältnis $1/3$ zu $2/3$ vor bzw. hinter der Fokusebene keine generelle Verteilungsregel ist, sondern nur dann zutrifft, wenn auch die Entfernungen in diesem Verhältnis zueinander stehen.

Noch etwas deutlicher als an den nackten Zahlen wird das Geschehen, wenn wir uns in Abb. 29 anschauen, was mit den Strahlengängen im Hinblick auf die Schärfentiefe bei Vergrößerung der Gegenstandsweite passiert. Die Brechkraft der Optik ist immer gleich. Die Abbildung eines unendlich weit entfernten Objekts bringt sie in einen Abstand zur Bildebene, der der Brennweite f entspricht. Ein weiter entfernt gelegenes Objekt ist folgerichtig vor der Bildebene im Fokus. Aus diesem Grund muss die Optik um diesen Fehlbetrag näher an die Bildebene rücken, um zu fokussieren. Ein näher gelegenes Objekt ist umgekehrt hinter der Bildeben im Fokus und in diesem Fall muss die Optik weiter von der Bildebene entfernt werden, um zu fokussieren. In beiden Fällen ändert sich also die Bildweite B. Die Gesamtschärfentiefe S vergrößert sich im ersten Fall und verringert sich im Zweiten.

Schärfentiefe und Brennweite

Auch hier benutzen wir zunächst wieder die Daten der zuvor durchgeführten Berechnungen (G=5000 mm, $f/8$, z=0,03 mm) und variieren die Brennweite zwischen f=50 mm und f=100 mm (siehe nächste Seite).

Für f=50 mm ergibt sich eine Gesamtschärfentiefe von 9,4 m - 3,4 = 6 m.

Für f=100 mm ergibt sich 5,67 m – 4,47 m =1,2 m

Die Verlängerung der Brennweite kostet uns also Schärfentiefe und die Verkürzung bringt uns einen größeren akzeptabel scharfen Bereich. Wiederum können wir dies Verhalten rechnerisch erklären: Die Verdoppelung der Brennweite vervierfacht die Zähler in D_v und D_h während sich die Nenner in einem anderen Verhältnis vergrößern. Der in D_v verdreifacht sich, jener in D_h versiebenfacht sich annähernd. In der

Geometrie und Berechnung der Schärfentiefe
Schärfentiefe und Brennweite

Berechnung der vorderen und hinteren Grenze der Schärfentiefe (Sv und Sh) für die Kombination **f=50 mm**, G=5000 mm, f/5,6, z=0,03 mm

$$Sv = \frac{Gf^2}{(f^2 + Nz(G-f))}$$

$$Sv = \frac{5000 * 50^2}{(50^2 + 8 * 0,03 * (5000 - 100))}$$

$$Sv = \frac{12500000}{(2500 + 0,24 * 4900)}$$

$$Sv = \frac{12500000}{(2500 + 1176)}$$

$$Sv = \frac{12500000}{3676}$$

$$Sv = 3400,4 \, mm = 3,4 \, m$$

$$Sh = \frac{Gf^2}{(f^2 - Nz(G-f))}$$

$$Sv = \frac{5000 * 50^2}{(50^2 - 8 * 0,03 * (5000 - 100))}$$

$$Sv = \frac{12500000}{(2500 - 0,24 * 4900)}$$

$$Sv = \frac{1250000}{(2500 - 1176)}$$

$$Sv = \frac{12500000}{1324}$$

$$Sh = 9441,1 \, mm = 9,4 \, m$$

Berechnung der vorderen und hinteren Grenze der Schärfentiefe (Sv und Sh) für die Kombination **f=100 mm**, G=5000 mm, f/8, z=0,03 mm

$$Sv = \frac{Gf^2}{(f^2 + Nz(G-f))}$$

$$Sv = \frac{5000 * 100^2}{(100^2 + 8 * 0,03 * (5000 - 100))}$$

$$Sv = \frac{50000000}{(10000 + 0,24 * 4900)}$$

$$Sv = \frac{50000000}{(10000 + 1176)}$$

$$Sv = \frac{50000000}{11176}$$

$$Sv = 447387 \, mm = 4,47 \, m$$

$$Sh = \frac{Gf^2}{(f^2 - Nz(G-f))}$$

$$Sv = \frac{5000 * 100^2}{(100^2 - 8 * 0,03 * (5000 - 100))}$$

$$Sv = \frac{50000000}{(10000 - 0,24 * 4900)}$$

$$Sv = \frac{50000000}{(10000 - 1176)}$$

$$Sv = \frac{50000000}{8824}$$

$$Sh = 5666,36 \, mm = 5,67 \, m$$

Abbildungsschärfe I:
Optik, geometrische Schärfe und Schärfentiefe

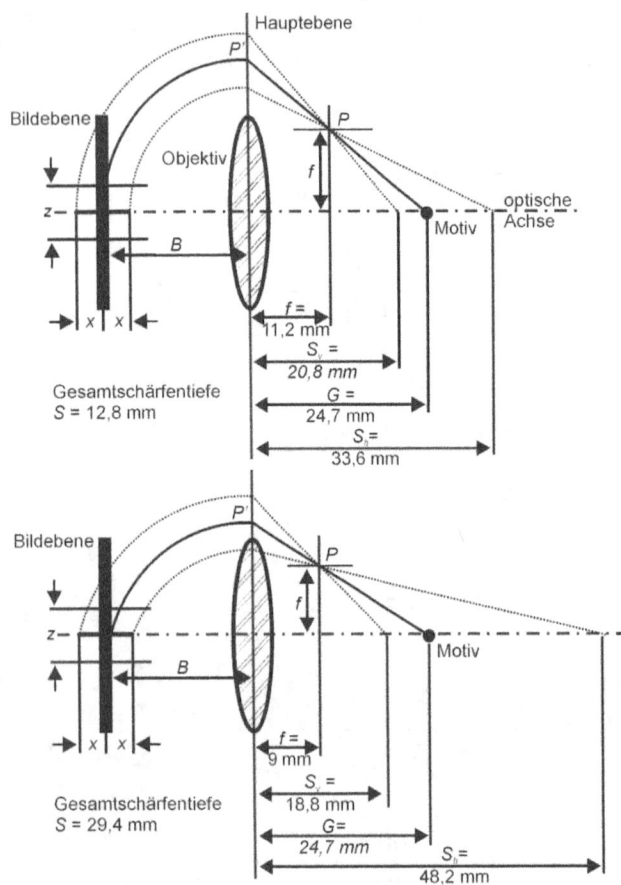

Abb. 30: Brennweite und Schärfentiefe

Tabelle 4 Verteilung der Schärfentiefe in Abhängigkeit der Brennweite		
f	Anteil der Schärfentiefe v.d. Fokuspunkt	Anteil der Schärfentiefe h.d. Fokuspunkt
10 mm	70,2 %	29,8 %
20 mm	60,1 %	39,9 %
50 mm	54,0 %	46,0 %
100 mm	52,0 %	48,0 %
200 mm	51,0 %	49,0 %
400 mm	50,5 %	49,5 %

Summe reduzieren sich beide Brüche im Vergleich zur kürzeren Brennweite und die Schärfentiefe schrumpft. Und auch hier finden wir wieder die schon bekannte Nichtlinearität zwischen dem akzeptabel scharfen Bereich vor dem Fokuspunkt und dem dahinter. Denn D_v nimmt weniger stark ab als D_h und deshalb verschiebt sich die Schär-

fentiefe mit zunehmender Brennweite immer mehr zugunsten des näherliegenden Bereichs. Mit Tabelle 4 biete ich Ihnen natürlich auch hier wieder eine Aufstellung, die dies für einen großen Brennweitenbereich veranschaulicht.

Auch hier erklären die Strahlengänge in Abb. 30 das Geschehen noch etwas besser als die Mathematik.

So, bei den Berechnungen in den vorigen beiden Abschnitten hat sich die Schärfentiefe durch die Vergrößerung des jeweiligen Faktors ebenfalls vergrößert. Im Fall der Brennweite verhält sie sich aber umgekehrt. Warum? Zwei Abschnitte zuvor haben wir gelernt, daß sich A) der effektive Blendendurchmesser nach dem Bezug $d = f/N$ (Durchmesser = Brennweite/Blendennummer) ergibt und B) die Schärfentiefe größer wird, wenn man die Blende verkleinert. Da lange Brennweite größere effektive Blenden-

Geometrie und Berechnung der Schärfentiefe
Schärfentiefe und Brennweite

Tabelle 5 Schärfentiefe und Brennweite
Schärfentiefe für Gegenstandsweite 10 m, Zerstreuungskreisdurchmesser 0,03 mm

Brennweite / Blende	f/2,0	f/2,8	f/4,0	f/5,6	f/8,0	f/11	f/16	f/22
24 mm	∞	∞	∞	∞	∞	∞	∞	∞
50 mm	5,06 m	7,53 m	12,37 m	24,19 m	218,1 m	∞	∞	∞
100 mm	1,19 m	1,67 m	2,41 m	3,42 m	5,04 m	7,31 m	12,28 m	22,8 m
200 mm	0,29 m	0,41 m	0,60 m	0,82 m	1,18 m	1,63 m	2,38 m	3,32 m
400 mm	0,072 m	0,10 m	0,14 m	0,20 m	0,29 m	0,40 m	0,58 m	0,79 m

Tabelle 6 Schärfentiefe und Abbildungsmaßstab 1
Schärfentiefe für $f/2,8$, Zerstreuungskreisdurchmesser 0,03 mm

Abb.-Maßstab / Brennweite	24 mm	50 mm	100 mm	200 mm	400 mm
1:2	0,00010 m	0,00010 m	0,00010 m	0,00010 m	0,00010 m
1:1	0,00034 m	0,00033 m	0,00033 m	0,00033 m	0,00033 m
1:10	0,0182 m	0,0185 m	0,0185 m	0,0185 m	0,0185 m
1:100	1,94 m	1,75 m	1,71 m	1,70 m	1,70 m
1:1000	∞	∞	571,22 m	204,19 m	175,39 m

Tabelle 7 Schärfentiefe und Abbildungsmaßstab 2
Schärfentiefe für $f/11$, Zerstreuungskreisdurchmesser 0,03 mm

Abb.-Maßstab / Brennweite	24	50	100	200	400
1:2	0,00039 m	0,00039 m	0,00039 m	0,00039 m	0,00039 m
1:1	0,00132 m	0,00132 m	0,00132 m	0,00132 m	0,00132 m
1:10	0,074 m	0,073 m	0,073 m	0,073 m	0,073 m
1:100	∞	11,81 m	7,48 m	6,85 m	6,71 m
1:1000	∞	∞	∞	∞	2069 m

durchmesser aufweisen als kurze (d = 24mm/5,6 = 4,3 bzw. d = 200mm/5,6 = 35,7) müssen sie also unweigerlich eine geringere Schärfentiefe besitzen. Damit bestätigt die Mathematik, was wir landläufig wissen: Weitwinkel weisen einen größeren Schärfebereich auf als Teleobjektive (Tabelle 5).

Nun gibt es aber zahlreiche Print- und Webpublikationen, die uns glau-

Abbildungsschärfe I:
Optik, geometrische Schärfe und Schärfentiefe

ben machen wollen, daß die Schärfentiefe enger an den Vergrößerungsmaßstab und die Blende gebunden ist als an die Brennweite. Dies belegen sie mit Beispielbildern und Zahlen, die nachweisen, daß die Gesamtschärfentiefe unabhängig von der Brennweite annähernd gleich ist, wenn die Abbildungsgröße des Objekts konstant gehalten wird. Dieser Behauptung wollen wir mit den Tabellen 6 und 7 mal auf den Grund gehen.

Diese beiden Tabellen belegen, daß die Aussage, die Schärfentiefe hänge nur vom Abbildungsmaßstab ab, nur für Maßstäbe zwischen 1:2 und 1:10 annähernd gilt. Bei kleineren Maßstäben gilt sie dagegen nicht mehr, sondern die Schärfentiefe nimmt mit zunehmender Brennweite ab. Was wir beobachten, ist also lediglich eine Anomalie der Regel. Der Grund für den verbreiteten Irrglauben, die Schärfentiefe sei unabhängig von der Brennweite, sofern der Vergrößerungsmaßstab gleich bleibt,

mag daran liegen, daß die Aussage für häufig benutzte Brennweiten und Porträts bzw. Silleben näherungsweise gilt. Vor allem bei Landschaftsaufnahmen liegt sie aber weit daneben. In ihnen gibt es häufig kein Hauptmotiv und deswegen ergibt die Beibehaltung des Abbildungsmaßstabes auch keinen Sinn: Wechseln Sie die Brennweite und halten die Abbildungsgröße an einer Stelle durch Veränderung der Entfernung konstant, verändern Sie zwangsläufig die Größen der weiter entfernten bzw. näher gelegenen Motivteile.

Wenn wir uns die Zahlen genau anschauen, wie es Tabelle 8 für das besonders repräsentative Anomaliefenster tut, können wir noch etwas lernen. Das nämlich, auch wenn die Gesamtschärfentiefe gleich bleibt, ihr prozentualer Anteil an der Entfernung mit zunehmender Brennweite abnimmt. Dieses umgekehrtproportionale Verhalten sorgt dafür, daß uns die Schärfentiefe klein und der Raum gerafft erscheint

Tabelle 8 Schärfentiefe und Abbildungsmaßstab 3					
Maßstab 1:10, Zerstreuungskreisdurchmesser 0,03 mm, $f/8$					
Brennweite f	Entfernung S	Nahpunkt $D1$	Fernpunkt $D2$	Schärfentiefe S	Schärfentiefe als Anteil der Entfernung in %
24 mm	26,4 cm	24,0 cm	29,33 cm	5,33 cm	20,2
50 mm	55,0 cm	52,48 cm	57,77 cm	5,29 cm	9,7
100 mm	110,0 cm	107,00 cm	113,00 cm	5,28 cm	4,8
200 mm	220,0 cm	217,00 cm	223,00 cm	5,28 cm	2,4
400 mm	440,0 cm	437,00 cm	443,00 cm	5,28 cm	1,2

und erklärt das Verhalten, für das wir die Telebrennweiten so lieben oder hassen.

Ganz am Ende dieser drei Abschnitte zu den Haupteinflußgrößen der Schärfentiefe mögen Sie sich fragen, warum ich es bei sehr allgemeinen Aussagen wie *„Abblenden vergrößert die Schärfentiefe"* belassen habe und Ihnen keine klaren Ansagen à la *„die Verringerung der Blende um eine Stufe verdoppelt die Schärfentiefe"* an die Hand gegeben habe. – Manche Publikationen zum Thema tun dies schließlich. Die Antwort geht im Prinzip aus den Berechnungen hervor: All diese Pauschalierungen (*„die Verdoppelung der Entfernung vervierfacht die Schärfentiefe"* oder *„die Halbierung der Brennweite vervierfacht die Schärfentiefe"*) taugen immer nur für jenes enge Entfernungsfenster, das einerseits nicht im Makrobereich (die Gegenstandsweite muss mehrmals größer als die Brennweite sein) und andererseits nicht nah an der Hyperfokaldistanz (entspricht $f^2/N*z$, siehe folgender Abschnitt) liegt. Dort geben sie die Tendenz der Veränderung richtig wieder, fallen darüber und darunter aber schnell auseinander. Das beste Beispiel dafür ist die Hyperfokaldistanz. Nähert sich ihr die Fokusentfernung, so vergrößert sich die Schärfentiefe quasi exponentiell. Dies geschieht bei kurzen Brennweiten viel eher als bei langen, weil die Hyperfokaldistanz dort geringer ist. Am Ende aller Beschreibungen besitzt die Schärfentiefe also eine Quantität, die sich jeweils aus den Formeln ergibt und wir müssen uns damit abfinden, daß sie aufgrund der ihr innewohnenden Komplexität nicht vollständig in plakative „über-den-Daumen-Regeln" gefaßt werden kann. Aus diesem Grund ist fast alles, was Sie an der einen oder anderen Stelle zur Schärfentiefe hören oder lesen, unter manchen Rahmenbedingungen falsch und die einzigen annähernd universell anwendbaren qualitativen Aussagen sind eben jene, die ich benutzt habe.

Schärfentiefe und Fokuspunkt

Bis hierher haben wir uns damit beschäftigt zu berechnen, wie sich die Schärfentiefe bei gegebener Brennweite, Blende und Entfernung um einen Punkt in der Entfernung G (Gegenstandsweite) verteilt. Das war sehr theoretisch, aber zum Verständnis des Themas unerläßlich. In der Praxis gehen wir allerdings regelmäßig anders vor. Dort haben wir es in der Regel mit Ansammlungen von Motiven oder Motivteilen in unterschiedlichen Entfernungen zu tun. Gemäß unserer (hoffentlich kreativen) Bildidee entscheiden wir welche davon „scharf" im Bild erscheinen sollen. Die Frage

Abbildungsschärfe I:
Optik, geometrische Schärfe und Schärfentiefe

der Brennweite haben wir dann schon beantwortet und auch die Blende, welche den gewünschten Bereich scharf zeichnet, haben wir mit Formel 14 errechnet. Jetzt bleibt die Frage auf welchen Punkt F_d wir fokussieren sollen, damit die beiden Enden der Schärfentiefe bei z.B. 7 m und 3 m gleichmäßig scharf bzw. unscharf ausfallen. Eine in diesem Zusammenhang vielfach zitierte Regel besagt, daß man auf eine Entfernung einstellen sollte, die $1/3$ der Gesamtschärfentiefe hinter dem Nahpunkt S_v liegt. Soll der Nahpunkt also bei 3 m und der Fernpunkt bei 7 m liegen, ergibt sich daraus ein Fokuspunkt von 4,2 m. Denn 7 m – 3 m = 4 m; 4 m /3 = 1,3 m und 3 m + 1,3 m = 4,3 m. Ganz genau bekommen wir den Punkt mit Formel 16 heraus:

Formel 16

$$Fd = \frac{2 * Sv * Sh}{Sv + Sh}$$

$$Fd = \frac{2 * 3000 * 7000}{3000 + 7000}$$

$$Fd = \frac{42000000}{10000} = 4200\,mm = 4{,}2\,m$$

Für unser Beispiel aus S_v = 3 m und S_h = 7 m ergibt sich dementsprechend, daß wir auf 4,2 m fokussieren müssen, um unser festgelegtes Kriterium zu erfüllen. Das liegt recht nah an den 4,3 m der pauschalen $1/3$ zu $2/3$ Regel, trifft sie aber nicht ganz. Mit Hilfe von Formel 15 können wir aber ermitteln, wann die pauschale Aussage zutrifft. Wir schauen einfach in welchen Fällen sie uns zum Ergebnis $S_v+(S_h-S_v)/3$ führt mit dem sie uns sagt, daß wir auf einen Punkt einstellen sollen der zu $1/3$ zwischen S_v und S_h liegt. Darauf finden wir eine Antwort. Sie lautet $S_h = 2*Sv$ und bedeutet, daß die Vereinfachung nur dann exakt zutrifft, wenn der Fernpunkt doppelt so weit entfernt ist wie der Nahpunkt.

So weit so gut. Das war die Vorgehensweise für den Fall, daß der Fernpunkt nicht im Unendlichen liegt. Kommt er dort zu liegen, lautet die Formel zur Berechnung der Fokusdistanz:

Formel 17

$$Fd = 2 * Sv$$

Setzen Sie für unendlich einen sehr großen Wert ein, z.B. 500 000 mm.

Für den Fall, daß es bei gegebener Blende die maximale Schärfe vom Nahbereich bis ins unendliche reichen soll, hat uns der Photogott die **Hyperfokaldistanz H** (auch **Nah-Unendlichpunkt**) geschenkt. Sie markiert

Geometrie und Berechnung der Schärfentiefe
Schärfentiefe und Fokuspunkt

die Mindestentfernung für jede Brennweite und Blende, von der aus sich die Schärfentiefe bis unendlich erstreckt, wenn das Objektiv auf eben unendlich fokussiert ist.

Formel 18

$$H = \frac{f^2}{N*z} + f$$

Da für die Genauigkeit der Hyperfokaldistanz ein Unterschied von einer Brennweite unbedeutend ist, wird die Formel häufig auch wie folgt vereinfacht:

Formel 19

$$H \approx \frac{f^2}{N*z}$$

Für f = 50 mm, N = 8 und z = 0,03 mm ergibt dann beispielsweise:

$$H = \frac{50^2}{8*0,03}$$

$$H = \frac{2500}{0,24} = 10416,7 mm = 10,42 m$$

10,42 m ist also für ein auf $f/8$ abgeblendetes 50 mm Objektiv, das auf unendlich eingestellt ist, die kürzeste Entfernung von der aus sich die Schärfentiefe bis unendlich erstreckt. Weil unsere Abschnittüberschrift aber „Schärfentiefe und Fokuspunkt" lautet, wollen wir das Spiel noch einen Schritt weiter treiben. Stellen wir das Objektiv nicht auf unendlich, sondern auf die gerade gefundene Hyperfokaldistanz ein (dies wird als **hyperfokale Einstellung** bezeichnet), so erstreckt sich die Schärfentiefe von der halben hyperfokalen Entfernung bis unendlich. Diese Maximierung der Schärfentiefe ist vor allem bei Landschaftsaufnahmen wichtig in denen wir in der Regel möglichst viel vom Vordergrund scharf abbilden wollen. Es gilt also:

Formel 20

$$Sv = H/2$$

Rechnerisch sieht das mit Formel 12 für den Nahpunkt S_v aus wie in der Berechnung auf der nächsten Seite.

Eine merkwürdige Eigenschaft von Hyperfokaldistanz und hyperfokaler Einstellung ist, daß sich die Größe des scharfen Bereichs mit jeder weiteren Verstellung im Verhältnis $1/x$ verhält. Ein Objektiv, das auf die Hyperfokaldistanz H fokussiert ist, bildet eine Schärfentiefe S zwischen $H/2$ und unendlich ab. Stellen wir es auf $H/2$ ein, so reicht der scharfe Bereich von $H/3$ bis H und fokussieren wir auf $H/3$

Abbildungsschärfe I:
Optik, geometrische Schärfe und Schärfentiefe

$$G_1 = S_v = \frac{(f^2 * G) + (x * f * G) - (x * f^2)}{f^2 - (x * f) + (x * G)}$$

$$S_v = \frac{(50^2 * 12550) + (0,2 * 50 * 12550) - (0,2 * 50^2)}{50^2 - (0,2 * 50) + (0,2 * 12550)}$$

$$S_v = \frac{31500000}{5000} = 6300 \, mm = 6,3 \, m$$

reicht S von H/4 bis H/2. Dies Verhalten setzt sich durch alle folgenden 1/x Werte fort und wird nach C. Welborne Piper, der es 1901 entdeckte, *fortlaufende Schärfentiefe* genannt.

Die Platzierung des Fokus bestimmt darüber, wie und wo sich der maximal zulässige Fokusfehler in der Gegenstandsebene verteilt.

Vielleicht fragen Sie sich jetzt, wie es die hyperfokale Einstellung schafft, daß alles von der jeweiligen Nahgrenze bis ins Unendliche scharf erscheint. Ganz am Anfang des Abschnitts haben wir festgestellt, daß wir geometrisch scharfe Abbilder unterschiedlich weit entfernter Objekte aufnehmen können, wenn wir den Abstand zwischen dem Brennpunkt der Optik und dem Film an diese verschiedenen Entfernungen anpassen. Durch diese Fokussierung werden die von den Objekten reflektierten Lichtstrahlen im Linsensystem jeweils so gebrochen, daß sie im Brennpunkt zusammenlaufen. In einer gegebenen Konstellation (Abb. 31, folgende Seite) mit drei Objekten in unterschiedlichen Entfernungen – A nah, B in mittlerer Entfernung und C in großer, quasi unendlicher, Entfernung – in der das Objektiv auf Objekt B fokussiert ist, fällt das Abbild von B genau auf die Filmebene (B'), das von A liegt hinter der Filmebene (A') und das von C vor der Filmebene (C'). Der Strahlengang von C zu C' ist wichtig, denn er zeigt, daß die aus dieser großen (unendlichen) Entfernung kommenden Lichtstrahlen alle parallel einfallen. Deshalb konvergieren sie alle unabhängig von ihrer tatsächlichen Entfernung (groß, noch größer, am größten) in demselben Punkt C'. Mit der hyperfokalen Einstellung tun wir nun nichts anderes als den Fokus so einzurichten, daß C' innerhalb des maximal zulässigen Fokusfehlers zu liegen kommt. Gelingt dies, ist sichergestellt, daß die Objekte, egal wie weit sie entfernt sind, scharf abgebildet werden, weil ihre Abbilder aufgrund der Parallelität der Lichtstrahlen eben alle in demselben Punkt konvergieren.

Geometrie und Berechnung der Schärfentiefe
Schärfentiefe und Fokuspunkt

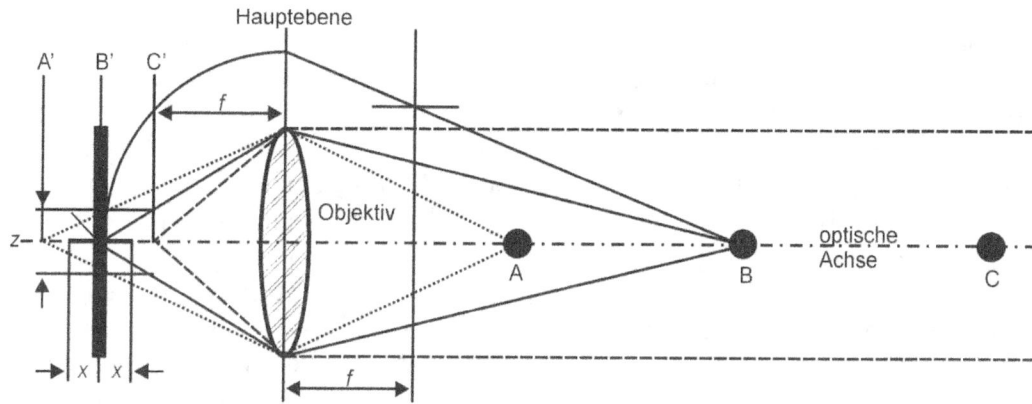

Abb. 31: Hyperfokale Fokussierung

Ab Ende dieses Abschnitts zur Platzierung des Fokuspunkts wollen wir uns noch einer immer wiederkehrenden Kontroverse widmen: Ist die hyperfokale Einstellung besser oder schlechter als die schlichte Fokussierung auf unendlich? Kern der in diesem Zusammenhang häufig zitierten Publikation von Harold M. Merklinger (6) ist der auch hier dargestellte Sachverhalt, daß die Einstellung auf die Hyperfokaldistanz dazu führt, daß weit entfernte Motivteile mit demselben Zerstreuungskreis abgebildet werden wie nahegelegene und beide deshalb gleich unscharf ausfallen. Merklinger argumentiert, daß die im Unendlichen liegenden Objekte aufgrund ihrer stark verkleinerten Abbildung aber viel schärfer sein müssen als die größer aufgenommenen in kurzer Entfernung, um klar erkennbar zu sein. Aus diesem Grund lehnt er die hyperfokale Einstellung ab und propagiert zusätzliche Schärfe für die entfernten Motivteile durch die Platzierung des Fokus' jenseits der Hyperfokaldistanz nahe dem Unendlichsymbol. Dieser Ansatz wird von seinen Befürwortern als *Objektfeld-Methode* und seinen Kritikern als *Schärfentiefen-Verschwendung* bezeichnet, da er die Schärfe zwar am Horizont geringfügig steigert, einen großen Teil des möglichen Schärfebereichs aber hinter den Horizont verlegt, wo er keinen Nutzen entfaltet. Die hyperfokale Einstellung verteilt die Schärfe dagegen von möglichst weit vorn bis genau zum Horizont.

Für eine Landschaftsaufnahme, der wir durch bewußte Einbeziehung von spannenden Vordergrundobjekten zu mehr Tiefe verhelfen wollen, würde dies bedeuten, daß auf die im

Abbildungsschärfe I:
Optik, geometrische Schärfe und Schärfentiefe

Abendlicht rot schimmernde Hügelkette im Unendlichen fokussiert und so weit abgeblendet werden müsste, bis die noch nicht ganz im Schatten liegenden niedrig gewachsenen Kiefern ganz vorn scharf ausfallen. Nicht kritisch scharf, aber scharf genug. Diese Vorgehensweise befördert durch die stärkere Abblendung drei Arten von Qualitätsminderung:

• Sie vergrößert die die Schärfe mindernden Beugungsscheibchen (siehe Abschnitt „Zerstreuungskreis und Beugungsscheibchen – Nicht jede Blende ist eine gute Blende")

• Sie bringt das Abbildungssystem zu weit weg von der für Schärfe und Auflösung optimale Blende (siehe Abschnitt „Zerstreuungskreis und Beugungsscheibchen – Nicht jede Blende ist eine gute Blende")

• Sie erhöht die Anfälligkeit des Aufnahmesystems für Verwacklungsunschärfe durch Wind, weil sich die Belichtungszeit durch das Abblenden verlängert

Darüber hinaus stellt sich die grundsätzliche Frage, warum ein Zerstreuungskreisdurchmesser, der für den Vordergrund akzeptabel ist, im Fall von weiter entfernten Objekten nicht genauso annehmbar sein sollte. Kern der Auseinandersetzung zwischen den Lagern ist wahrscheinlich die mangelnde Einsicht der Objektfeld-Verfechter (jener, die von der klassischen Schärfentiefenlehre enttäuscht sind) in die Tatsache, daß der standardmäßig zugrunde gelegte Zerstreuungskreisdurchmesser für ihre Ansprüche an Vergrößerungsmaßstab und Betrachtungsbedingungen einfach zu groß ist, dieser aber keinesfalls so hingenommen werden muss, sondern flexibel angepasst werden kann und auch angepaßt werden sollte (siehe „Der rechnerisch kurze Weg zum scharfen Bild"). Geschieht dies richtig, gibt es keinen Grund mehr, auch keinen subjektiven, die erreichte Abbildungsschärfe zu kritisieren.

Einen der wenigen Fälle, in denen die Objektfeld-Methode im Vorteil ist, mag das folgende Beispiel aus dem Usenet illustrieren: Ein Detektiv steht auf einer Plattform, unter ihm eine große Menschenmenge, die sich bis in eine Entfernung von mehreren hundert Metern erstreckt. Aufgabe des Detektivs ist es Bilder zu liefern, auf denen die Gesichter aller Menschen erkennbar sind. Er blendet so weit ab bis sich ein Zerstreuungskreis ergibt, der dem Durchmesser der Gesichter entspricht, fokussiert auf unendlich und drückt den Auslöser. Damit erreicht er sein Ziel auf einfache Weise und das ist eben nicht die kritisch-scharfe Abbildung aller Gesichter. Es genügt die reine Erkennbarkeit. Es beschreibt darüber hinaus den technisch korrekten Unterschied zwischen beiden Vorgehensweisen: Die klassische Schärfentiefe erfordert gleiche Winkelauflösung, die Objektfeld-Methode aber gleiche lineare Auflösung der Objekte im Raum. Der Grenzwert der Winkelauflösung berechnet sich als z/f (maximal zulässiger Zerstreuungskreis/Brennweite), der der linearen Auflösung basierend darauf als $G*z/f$ (Gegenstandsweite zum Nah- oder Fernpunkt der Schärfentiefe* maximal zulässiger Zerstreuungskreis/Brennweite). Da das Auflösungsvermögen unseres visuellen Systems naturgemäß winkelabhängig ist, gewinnt der klassische Ansatz in den allermeisten Fällen der gestaltenden Photographie.

Schärfentiefe und Aufnahmeformat

Vielfach wird davon geschrieben, daß die Point-and-Shoot Digitalkameras mit kleinem Bildsensor Aufnahmen mit größerer Schärfentiefe erzeugen als solche mit größeren Sensoren bzw. Kameras für Kleinbild-, Mittel- oder Großformatfilme. Dieser Aussage könnte man entnehmen, daß der große Schärfebereich eine Eigenschaft ist, die der geringen Formatgröße oder der digitalen Art der Bilderzeugung innewohnt. Doch beides ist falsch und der beschriebene Zusammenhang über Gebühr verkürzt. Aus diesem Grund waren Sie auch nicht unaufmerksam oder haben etwas überlesen, wenn Sie den Faktor „Aufnahmeformat" im vorausgegangenen Abschnitt zu den Einflußfaktoren der Schärfentiefe vermißt haben. Denn das Format besitzt nur eine indirekte Wirkung auf die Schärfentiefe. Wie es diese entfaltet, erschließen wir uns über die Betrachtung dreier gängiger Formate: dem im Digitalbereich verbreiteten 1/2,5" Format

Bei gleichem Bildwinkel und gleicher Blende verändert sich die Schärfentiefe proportional zum Formatfaktor.

(5,8x4,3 mm, Bilddiagonale 7,22 mm) auf der kleinen Seite, dem Kleinbild (24x36 mm, Bilddiagonale 43,3 mm) in der Mitte und dem „kleinen Großformat" 4x5" (100x130 mm, Bilddiagonale 164 mm) am weiten Ende. Um die Bildergebnisse tatsächlich vergleichbar zu machen, müssen wir sie auf dasselbe Endformat vergrößern und den maximal zulässigen Zerstreuungskreisdurchmesser z an den jeweiligen Ver-

Abbildungsschärfe I:
Optik, geometrische Schärfe und Schärfentiefe

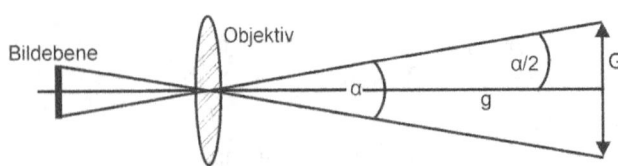

Abb. 32: Geometrie des Bildwinkels

Abb. 33: Bildwinkel vertikal, horizontal und diagonal

größerungsfaktor anpassen. Wenn wir das 20x30 cm Format voraussetzen, liegt z für das kleine Digitalformat bei 0,018 mm bzw. bei 0,03 mm im Kleinbild und bei 0,1 mm im Großformat. Darüber hinaus, und liegt der Hase sprichwörtlich im Pfeffer, müssen wir dafür sorgen, daß alle Aufnahmen denselben Bildausschnitt (genauer: **Bildwinkel**) zeigen.

Der **Bildwinkel** α ist der Winkel zwischen den Bildstrahlen in Abb. 32. Er bestimmt, welchen Raum das Objektiv erfasst und wie groß es die Gegenstände abbildet. Seine Größe hängt ab von der Brennweite, der Entfernungseinstellung und der Größe des Aufnahmemediums. Je nachdem, ob sich seine Angabe dort auf die Breite, die Höhe oder die Diagonale bezieht, unterscheiden wir den **horizontalen Bildwinkel**, den **vertikalen Bildwinkel** oder den **diagonalen Bildwinkel**. Fehlt eine genaue Definition, so bezieht sich der Wert in der Regel auf den diagonalen Bildwinkel. Um dem **Bildwinkel** α zu berechnen, nutzen wir Formel 21.

Formel 21

$$\alpha = 2 * \arctan(Bd / B / 2)$$

Formel 20 beinhaltet mit der Bildweite B eine normalerweise unbekannte Größe, die wir durch eine bekannte ersetzen müssen. In vielen Büchern und auf den meisten Webseiten zum Thema geschieht dies auf dem Weg Bildweite = Brennweite und führt zu Formel 22:

Formel 22

$$\alpha = 2 * \arctan(S / f / 2)$$

Näherungsweise können wir damit leben, aber strenggenommen ist die Voraussetzung $B=f$ (und damit auch das Ergebnis der Formel) nur dann korrekt, wenn der Fokus auf unendlich liegt. Für diesen und alle anderen Fälle richtig ist es, die Bildweite durch den Ausdruck $B=f*G/(G-f)$ zu ersetzen, der sich ebenfalls aus der Linsengleichung ergibt. Dann erhalten wir Formel 23.

Geometrie und Berechnung der Schärfentiefe
Schärfentife und Aufnahmeformat

Formel 23

$$\alpha = 2 * \arctan(S*(G-f)/f/G/2)$$

Zum Abschluß dieses mathematischen Exkurses halten wir also fest, daß der Bildwinkel von der Brennweite, dem Aufnahmeformat und der Fokusentfernung bestimmt wird. Nun gehen wir zurück auf Anfang und berechnen den Bildwinkel α für den Ausgangspunkt unseres Formatvergleichs, das Kleinbild mit seiner Standardbrennweite 50 mm und der Bilddiagonale von 43,3 mm:

$$\alpha = 2 * \arctan(S/f/2)$$

$$\alpha = 2 * \arctan(43,3/50/2)$$

$$\alpha = 2 * \arctan 0,433 = 2 * 23,41 = 46,8°$$

Um mit den beiden anderen Aufnahmeformaten denselben Bildwinkel abzudecken, müssen nun was tun? – Genau: Die Brennweite anpassen. Auf welchen Wert sie jeweils verändert werden muss, errechnen wir mit Formel 24:

Formel 24

$$f = S/2/\tan(\alpha/2)$$

Für den 1/2,5" Digitalsensor mit seiner Bilddiagonale von 7,22 mm folgt daraus:

$$f = 7,22/2/\tan(46,8/2)$$

$$f = 7,22/2/\tan 23,4$$

$$f = 7,22/2/0,433 = 8,34 \, mm$$

Und im Fall des 4x5" Großformats mit der Bilddiagonale von 164 mm sieht die Sache so aus:

$$f = 164/2/\tan(46,8/2)$$

$$f = 164/2/\tan 23,4$$

$$f = 164/2/0,433 = 189,4 \, mm$$

Die jeweils notwendige Brennweite können wir alternativ errechnen, indem wir die Werte durch den **Formatfaktor** F dividieren bzw. multiplizieren. Der Formatfaktor gibt das Längenverhältnis zwischen den Diagonalen der Aufnahmeformate an. Für das Verhältnis zwischen Kleinbildformat und 1/2,5" Sensor liegt er bei 43,3/7,22 = 6 und 50 mm Brennweite/6 = 8,33 mm. Im Fall des Vergleichs zwischen Kleinbildformat und 4x5" beträgt der Formatfaktor 164/43,3 = 3,79 und 50 mm*3,79 = 189,5 mm.

Abbildungsschärfe I:
Optik, geometrische Schärfe und Schärfentiefe

Bis hierher sind wir schon wieder einen weiten gedanklichen Weg gegangen. An seinem Ende erkennen wir, daß drei Bilder die A) im kleinen Digitalformat 1/2,5", B) im Kleinbildformat 24x36 mm und C) im 4x5" Großformat mit identischer Blende und formatäquivalentem Zerstreuungskreisdurchmesser aufgenommen und auf dasselbe Endformat vergrößert wurden unterschiedliche Schärfentiefen zeigen, weil unterschiedliche Brennweiten nötig sind, um denselben Bildausschnitt bzw. Bildwinkel aufzuzeichnen. Und die Brennweite ist ein Faktor mit direktem Einfluß auf den scharfen Bereich des Bildes. Wie wir im entsprechenden Abschnitt („Schärfentiefe und Brennweite") festgestellt haben, vergrößert sich die Schärfentiefe mit der Verringerung der Brennweite. Qualitativ können wir für ein Fenster zwischen Makrobereich ($C > f$) und Hyperfokaldistanz ($f^2/N*z$) sagen, daß sich die Schärfentiefe umgekehrt proportional zum Quadrat der Brennweite verhält. Ihre Halbierung verdoppelt die Schärfentiefe. Auf unsere Betrachtung der Aufnahmeformate übertragen ist der Zusammenhang also ganz einfach: Wenn wir das Format halbieren und bei selber Blende und selbem Bildwinkel, aber angepaßtem Zerstreuungskreisdurchmesser, einen identisch großen Print anfertigen, verdoppelt sich die Schärfentiefe des im kleineren Format aufgenommenen Bildes. Noch einfacher ausgedrückt: Die Veränderung der Schärfentiefe ist direkt proportional zum Formatfaktor. Die im kleinen Digitalformat angefertigte Aufnahme zeigt eine sechs mal größere Schärfentiefe als jene, die im Kleinbild aufgenommen wurde und dort ist sie wiederum 3,79 mal größer als im 4x5" Format. Aber Obacht: Wie wir ganz am Ende des Abschnitts „Geometrie und Berechnung der Schärfentiefe" festgestellt haben, sind Pauschalierungen der angegebenen Art mit Vorsicht zu genießen. So auch hier. Sobald die Gegenstandsweite die Hyperfokaldistanz erreicht, vergrößert sich die Schärfentiefe rapide. Da dies für die kürzere Brennweite des kleineren Formats zuerst geschieht (dort ist die Hyperfokaldistanz am geringsten) vergrößert sich ebenfalls das Schärfentiefenverhältnis zwischen den jeweiligen beiden Formaten. Kurz: Nahe an oder direkt auf der Hyperfokaldistanz weist die Kamera mit dem 1/2,5" Sensor und dem 8 mm Objektiv eine mehr als sechs mal so große Schärfentiefe auf als die Kleinbildkamera mit ihrem 50er. An diesen Punkten kann das Verhältnis das Doppelte oder Dreifache dieses Werts annehmen, weil sich der Fernpunkt der Schärfentiefe sehr schnell in Richtung unendlich verlagert.

Aber: Dieser Schärfentiefevorsprung kann ohne weiteres wettgemacht werden, indem im größeren Format entsprechend dem Formatfaktor weiter abgeblendet wird. Nehmen wir an in unserem Vergleich waren alle Objektive auf *f*/2,8 eingestellt. Um im Kleinbild dieselbe Schärfentiefe zu erzielen wie im kleinen Digitalformat, müssten wir auf 2,8*6 = 16,8 also *f*/16 abblenden. Genauso müssten wir im 4x5" Format auf 2,8*3,79 = 10,6 bzw. *f*/11 abblenden, wenn wir dieselbe Schärfentiefe erreichen wollten wie im Kleinbild.

Beim genauen Betrachten dieser Zahlen wird man feststellen, daß der enorme Schärfentiefegewinn der kleinen Digitalformate auch einen Nachteil hat. Denn wenn sie bei *f*/2,8 schon dieselbe Schärfentiefe liefern wie *f*/16 im Kleinbild bedeutet dies, daß je nach Brennweite unter Umständen gar nicht weit genug aufgeblendet werden kann, um eine gestalterisch gewünschte Unschärfe zu erzeugen. Und natürlich hat der Zwang zum Auf- und Abblenden Konsequenzen, wenn die Schärfe durch entweder **Aberration** oder **Beugung** begrenzt wird (siehe „Zerstreuungskreis und Beugungsscheibchen"). Wie auch immer: Nun sollte klar geworden sein, woher das Schlagwort *„Digitalkamera gleich große Schärfentiefe"* kommt!

Abschätzen der Schärfentiefe bei der Aufnahme

Die **Schärfentiefeskala** war früher unabdingbarer Standard an jeder noch so preiswerten Optik. Seit einigen Jahren ist sie leider den Trends zum Autofokus und zur Kostensenkung zum Opfer gefallen. Dabei besteht sie einfach nur aus Markierungen für eine Auswahl der zur Verfügung stehenden Blendenstufen, die rechts und links der Fokusmarke angebracht sind. Häufig sind dies farbig codierte Striche. An ihnen liest man auf der direkt angrenzenden **Entfernungsskala** ab, wie weit sich jeweils der akzeptabel scharf abgebildete Bereich erstreckt. Umgekehrt ist es möglich mit der Schärfentiefeskala jene Blende zu ermitteln, die nötig ist, um den gewünschten Bereich scharf zu zeichnen: Fokussieren Sie nacheinander auf den Nah- bzw. Fernpunkt, merken Sie sich die Entfernungen und verdrehen Sie den Fokusring so, daß die beiden Werte annähernd gegenüber zwei identischen Blendenmarken zu liegen kommen. Die entsprechende Blende stellen Sie dann ein und sind auf der sicheren Seite. Die Schärfentiefeskala ist also ein vielseitiges Werkzeug, ohne das dem Photo-

Abbildungsschärfe I:
Optik, geometrische Schärfe und Schärfentiefe

graphen diese schnellen und wichtigen Kontrollmöglichkeiten fehlen.

Technisch betrachtet zeigt die Schärfentiefeskala an, wie weit wir vom exakten Fokuspunkt abweichen können, ohne daß der Zerstreuungskreis das maximal zulässige Maß überschreitet. Dies Maß entspricht dem maximal zulässigen Fokusfehler x aus der Formel $x = z*N$. Die Schärfentiefeskala ist demzufolge nicht mehr als ein einfacher Maßstab, der in der Einheit des maximal zulässigen Zerstreuungskreises misst. Das heißt, wenn wir beispielsweise die 1 m Markierung auf der Entfernungsskala von der Fokusmarkierung zum Kennzeichen für Blende 4 auf der Schärfentiefenskala verstellen, haben wir das Objektiv um 4 mal den zu Grunde gelegten Zerstreuungskreisdurchmesser verlängert: 4*0,03 mm = 0,12 mm. Drehen wir weiter bis zu Blende 16, verlängert sich der Auszug um 16 mal den Zerstreuungskreisdurchmesser: 16*0,03 = 0,48 mm.

Um die „Tiefenpsychologie" der beiden Skalen zu verstehen, gehen wir zuerst noch mal kurz zurück zum Fokussieren. Ist das Objektiv auf unendlich eingestellt, entspricht der Abstand zwischen seiner bildseitigen Hauptebene und der Filmebene genau der Brennweite. Stellen wir auf ein Objekt ein das näher als unendlich liegt, muss der Abstand angepasst werden, damit das scharfe Abbild genau in der Filmebene zu liegen kommt. Der Auszug der Optik muss also um ein geringes Maß verlängert werden. Um beispielsweise aus unendlich auf 5 m zu fokussieren, liegt es in der Größenordnung von 0,5 mm. Nun wäre es nicht besonders praktisch, wenn wir diese sehr kleinen Werte durch eine Verdrehung des Fokusrings im Verhältnis 1:1 einstellen müssten. Das Einstellgefühl wäre schlecht und die resultierende Skala sehr klein. Aus diesem Grund und weil sowieso eine mechanische Umsetzung nötig ist, um die Drehbewegung in die anders gerichtete Auszugsbewegung zu verwandeln, stehen Fokussierung und Objektivauszug in einem Übersetzungsverhältnis zueinander. Beispielsweise kann eine Verdrehung um 2 cm

Abb. 34: Schärfentiefenskala an einem 50 mm Objektiv

nötig sein, um eine Auszugsveränderung um 1 mm herzustellen. Wie groß das Übersetzungsverhältnis genau ist, braucht uns nicht im Detail zu interessieren. Wichtig ist nur zu wissen, daß es existiert und daß das Verhältnis von Verdrehung und Auszug direkt proportional zueinander ist.

Das war Punkt 1. Punkt 2 bezieht sich auf die Schärfentiefeskala, zu der wir oben festgestellt haben, daß sie in der Einheit des maximal zulässigen Zerstreuungskreises misst. Wenn Sie nun hergehen und den Abstand zwischen den einzelnen Blendenmarken und dem Fokuspunkt als Nullstelle der Skala ermitteln, werden Sie feststellen,

- daß sich die Blendenmarken symmetrisch rechts und links vom Fokuspunkt verteilen.

- daß beispielsweise die Markierung für f/2 doppelt so weit vom Fokuspunkt entfernt ist wie die für f/1 oder f/16 16 mal so weit wie f/1.

- daß beispielsweise f/16 doppelt so weit vom Fokuspunkt entfernt ist wie f/8, weil f/16 nur halb so groß ist wie f/8 und sich die Schärfentiefe von Blendenstufe zu Blendenstufe verdoppelt bzw. halbiert.

In keinem Fall entspricht das Abstandsmaß aber direkt dem Zerstreuungskreisdurchmesser. Dies liegt daran, daß die Markierungen für die einzelnen Blenden in Abständen zueinander stehen, die sich aus dem Zerstreuungskreisdurchmesser mal der jeweiligen Blendenzahl mal dem Übersetzungsverhältnis des Objektivgewindes ergeben und damit direkt proportional zum maximal zulässigen Zerstreuungskreisdurchmesser z sind. So muss das sein, damit sich aus Entfernungsangaben und Blenden die richtige Schärfentiefe ergibt. Der Steigungsfaktor des Objektivgewindes erklärt auch, warum die Schärfentiefeskalen auf unterschiedlichen Objektiven unterschiedlich aussehen: dies Maß ist von Hersteller zu Hersteller und von Optik zu Optik verschieden. Nichtsdestoweniger zeigt die Skala auf allen Objektiven dasselbe in der derselben Einheit an.

Das Aussehen der Entfernungsskala hängt dagegen stark von der Brennweite ab, denn das Maß, um das der Objektivauszug O_A eines Objektivs mit der Brennweite f aus der Unendlichposition verlängert werden muss, um auf einen Gegenstand in der Entfernung G zu fokussieren, ergibt sich nach Formel 25.

Formel 25 $$O_A = \frac{f^2}{G-f}$$

Abbildungsschärfe I:
Optik, geometrische Schärfe und Schärfentiefe

Der Objektivauszug skaliert demzufolge mit dem Quadrat der Brennweite. Das erklärt, warum sich die Länge von Weitwinkelobjektiven beim Fokussieren fast nicht ändert, die von Teleoptiken dagegen beträchtlich: Ein 100 mm Objektiv muss viermal mehr verlängert werden als ein 50 mm Objektiv, um aus der Unendlichposition auf ein Objekt in gegebener kürzerer Distanz zu fokussieren. Umgekehrt braucht der Auszug eines 24 mm Objektivs in derselben Situation nur um ein Viertel verlängert zu werden. Dieselbe Skalierung funktioniert auch im Hinblick auf die Schärfentiefe: Wenn Sie anhand eines 50 mm Objektivs abschätzen wollen, wie weit die Schärfentiefe der 100 mm Optik reicht, brauchen Sie nur alle Entfernungswerte mit vier zu multiplizieren. Umgekehrt dividieren Sie durch vier bei angenommener halber Brennweite.

Bleibt noch zu klären, warum die auf der Schärfentiefeskala symmetrisch angeordneten Blendensymbole im Verbund mit der Entfernungsskala eine vielfach nichtsymmetrische Schärfentiefe anzeigen. Werfen wir mal einen genauen Blick auf die Entfernungsskala eines beliebigen Objektivs. Ich wähle mein Nikkor $f/2,8$ 24 mm, mit dem ich bevorzugt arbeite. Dort stehen beispielsweise 0,35 m und 0,40 m im Abstand von 6 mm nebeneinander, 0,40 m und 0,50 m im Abstand von 8 mm und zwischen 0,50 m und 0,70 m liegen ebenfalls 8 mm. Diese Verteilung liegt daran, daß die Entfernungsskala eine lineare Abbildung der Kehrwerte der Entfernungen darstellt. Abb. 35 zeigt dies und es ist zu erkennen, daß die 50 m Marke doppelt so weit vom Unendlichsymbol entfernt ist wie die 100 m Marke, weil der Kehrwert von 50 m (1/50 m = 0,02) doppelt so groß ist wie der Kehrwert von 100 m (1/100 = 0,01). Die Hälfte von 50 m sind 25 m (bzw. 1/25 m = 0,04) und die Marke ist viermal so weit vom Unendlichsymbol entfernt, wie 50 m und so weiter. Durch diese Verwendung der Kehrwerte stehen den symmetrisch rechts und links vom Fokuspunkt angeordneten Blendenmarken also nichtlinear verteilte Entfernungsangaben gegenüber.

Ich wette Sie möchten nun gern wissen, auf welchem maximal zulässigen Zerstreuungskreisdurchmesser die Schärfentiefeskalen Ihrer Objektive beruhen. Und das sollten Sie auch,

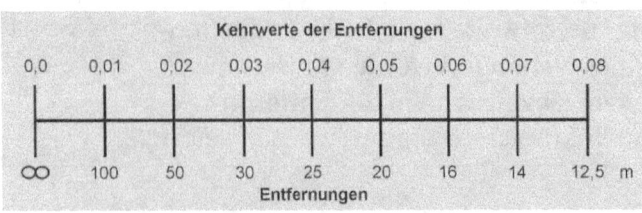

Abb. 35: Der Entfernungsskala liegen Kehrwerte zugrunde

Abschätzen der Schärfentiefe bei der Aufnahme

um einschätzen zu können, wie weit Sie ihnen zur Erfüllung Ihrer eigenen Ansprüche der Abbildungsschärfe trauen können. Leider geben die meisten Hersteller dieses Maß nicht in den technischen Unterlagen ihrer Optiken an und sind auch auf Anfrage nicht besonders auskunftsfreudig. Nikon beispielsweise verweigert die Auskunft dazu mit dem Hinweis auf die Vertraulichkeit dieser Informationen. Aber Sie sind nicht auf diese Damen und Herren angewiesen und können z wie folgt selbst ermitteln.

Variante 1:

Stellen Sie den Fokus der Optik mit der Brennweite f so ein, daß das Unendlichsymbol gegenüber der Markierung für die kleinste Blende N auf der Schärfentiefenskala steht und notieren Sie die Entfernungsangabe G auf dem Fokussierring, die der Fokusmarkierung gegenübersteht. Die Werte setzen Sie dann alle in mm in Formel 26 ein:

Formel 26

$$z = \frac{f^2}{N*(G-f)}$$

Für ein Nikkor f/2,8 24 mm ergibt sich so beispielsweise:

$$z = \frac{24^2}{22*(900-24)}$$

$$z = \frac{576}{22*876}$$

$$z = \frac{576}{19272} = 0,0298\,mm$$

Variante 2:

Stellen Sie eine beliebige Entfernungsmarke (z.B. 1 m) gegenüber der Fokusmarke ein und ermitteln Sie die Länge des Objektivs vom Bajonett zum Filtergewinde mit einem Meßschieber, der vorzugsweise auch $1/_{100}$ mm anzeigt. Dann verdrehen Sie die Entfernungsmarke bis sie exakt gegenüber einer der Blendenmarkierungen (z.B. f/16) auf der Schärfentiefeskala steht und ermitteln die Länge der nun weiter ausgezogenen Optik erneut. An welchen Stellen des Objektivs Sie die Werte ermitteln, ist egal, solange Sie für beide Messungen dieselbe wählen. Nun ziehen Sie den ersten Wert vom zweiten ab und dividieren das Ergebnis durch die Blendenzahl. Für das schon zuvor verwendete Nikkor f/2,8

Abbildungsschärfe I:
Optik, geometrische Schärfe und Schärfentiefe

24 mm sieht das dann so aus: 1. Wert 46,51 mm, 2. Wert 46,99 mm, Differenz 0,48 mm/16 = 0,03 mm. Unter Berücksichtigung eines kleinen Ungenauigkeitsfaktors liegt dieses Maß dicht genug an dem der Variante 1.

Sollte Ihnen der vom Hersteller zugrunde gelegte Zerstreuungskreisdurchmesser zu groß sein und Sie einen nutzen wollen, der nur halb so groß ist, können Sie sich die direkte Proportionalität zwischen dem Abstand der Blendenmarken und z zunutze machen. In diesem Fall brauchen Sie die Blendenzahlen nur durch zwei zu teilen. Bei eingestellter Blende 16 nutzen Sie also beispielsweise die Markierungen für Blende 8.

Die zweite Möglichkeit der Schärfentiefekontrolle bei Spiegelreflexkameras ist die **Abblendtaste**. Betätigt man sie, so schließt sich sich die Blende von der offenen Stellung auf die eingestellte Arbeitsblende und man kann den Schärfebereich visuell an dem nun dunkleren Sucherbild prüfen. Diese mit der Abblendung zunehmende Dunkelheit (kleine Blende = wenig Licht) kann die Erkennbarkeit des Effekts bei geringer Motivhelligkeit allerdings stark reduzieren. Da Blende und Spiegelauslösung bei modernen Spiegelreflexkameras in der Regel von einem Motor angetrieben werden, besitzen sie aufgrund dieser Koppelung häufig keine Abblendtaste. Sie würde einen separat gesteuerten Blendenmechanismus erfordern, der das Kameragehäuse aufwendiger und teurer macht. Da sie trotzdem ein wichtiges Werkzeug zur Beurteilung der Schärfentiefe ist, sollte ihr Vorhandensein oder Fehlen die Kaufentscheidung eines ernsthaften Photographen beeinflussen.

Zwischen Aberration und Beugung – Nicht jede Blende ist eine gute Blende

Gleich von welchem Hersteller oder in welchem Format, eine Optik zeichnet nur in einem bestimmten Blendenfenster (englisch *Sweet Spot*) wirklich scharf. Die Rahmen dieses Fensters sind die **Aberration** auf der Seite der großen Öffnungen und die **Beugung** auf der Seite der kleinen Blenden.

Aberrationen sind durch die Abweichung von der idealen optischen Abbildung bedingte Fehler, die zu einem unscharfen und/oder verzerrtem Bild führen. Zu den Abbildungsfehlern zählt die **chromatische Aberrati-**

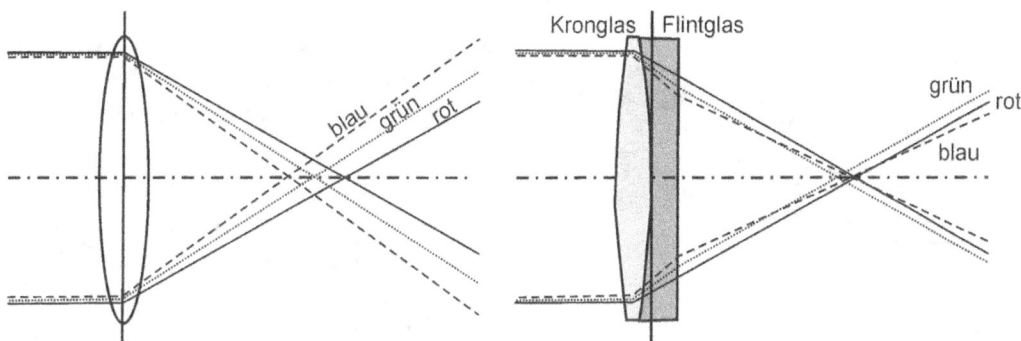

Abb. 36: Geometrie der chromatischen Aberration

on (auch **Farbfehler**). Sie ist dadurch bedingt, daß die Brechzahl jedes Materials mit der Wellenlänge des einfallenden Lichts variiert (dies wird Dispersion genannt). Mit den Brechzahlen der Gläser einer Optik schwankt aber auch die Brennweite des Abbildungssystems und damit auch der Abbildungsmaßstab der Teilbilder, die vom Licht unterschiedlicher Wellenlängen produziert werden. Diese fallen verschieden groß aus und das führt zu Farbsäumen, Kanten und Unschärfen im Bild. Dieser erste Effekt wird als **Farbquerfehler** bezeichnet. Darüber hinaus hängt aber auch die Schnittweite und damit der Abstand des Bildes von der letzten optischen Fläche des Systems von der Brechzahl (und damit indirekt von der Wellenlänge) ab. Aus diesem Grund werden die Teilbilder der unterschiedlichen Wellenlängen in verschiedenen Punkten abgebildet und es kann nicht auf alle gleichzeitig fokussiert werden. Dieser zweite Effekt heißt **Farblängsfehler** und bewirkt ebenfalls eine Unschärfe im Bild. Hauptmittel gegen die chromatische Aberration ist der Einsatz zweier Linsen, sogenannter Achromaten, aus Glassorten, die für zwei Wellenlängen dieselbe Brechzahl aufweisen. Eine Weiterentwicklung dieses Ansatzes sind die Apochromaten (zu erkennen an dem Kürzel APO auf der Optik), bei denen Glassorten mit anormaler Dispersion zum Einsatz kommen und die so dieselbe Brechzahl für drei Wellenlängenbereiche aufweisen. Aufgrund der notwendigen speziellen Glassorten sind apochromatisch korrigierte Optiken sehr teuer.

Die **sphärische Aberration** (auch **Öffnungsfehler** oder **Kugelgestaltsfehler** genannt) bewirkt, daß sich achsparallel einfallende oder vom gleichen

Abbildungsschärfe I:
Optik, geometrische Schärfe und Schärfentiefe

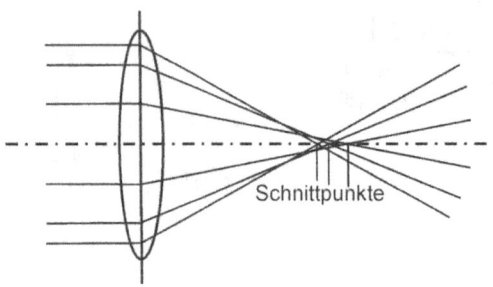

Abb. 37: Sphärische Aberration

Objektpunkt auf der optischen Achse ausgehende Lichtstrahlen nach dem Durchgang durch das optische System nicht im selben Punkt treffen. Objektive, die unter sphärischer Aberration leiden, liefern ein weiches und etwas verschwommenes, aber scharfes Bild. Feine Objektdetails sind noch erkennbar, aber ihr Kontrast ist vermindert. Die sphärische Aberration kann deshalb gut zur Erzielung eines Weichzeichnungseffekts eingesetzt werden. Es gibt zu diesem Zweck Objektive, bei denen man die sphärische Aberration stufenlos in einem weiten Bereich einstellen kann. Korrigiert wird die sphärische Aberration durch den Einsatz von Linsen, die eine asphärische Oberfläche aufweisen. Da es aufwendig ist solche asphärisch gekrümmten Flächen zu schleifen, sind derartig korrigierte Objektive besonders teuer.

Die **Koma** (vom lateinischen *Coma* gleich Haar oder Schweif) ist ein Abbildungsfehler, der dadurch verursacht wird, daß Lichtstrahlen, die von Objektpunkten abseits der optischen Achse kommen auch abseits dieser Achse gebündelt werden. Bei nicht korrigierten optischen Systemen erfolgt dies asymmetrisch, so daß anstelle eines scharfen Beugungsscheibchens ein Bildpunkt mit zum Rand der Optik gerichtetem „Schweif" entsteht, der dem Phänomen seinen Namen gibt. Dies kann durch Abblenden gemindert werden. Aplanate sind Objektive, bei denen die Koma vollständig korrigiert ist.

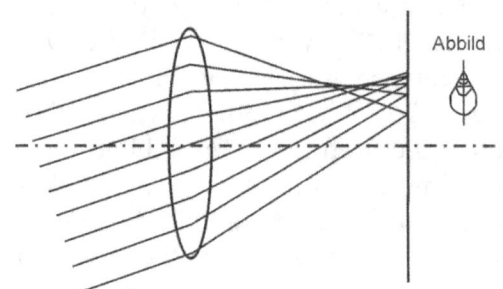

Abb. 38: Geometrie der Koma

Astigmatismus (auch **Punktlosigkeit**) entsteht, weil sich schräg zur Achse einfallenden Strahlen der Meridionalebene in einem anderen Punkt schneiden als die Strahlen der Sagittalebene. Dadurch entstehen zwei verschiedene Bildschalen, die verschieden stark gewölbt sind. Auf der einen Bildschale werden die Punkte als radiale und auf der anderen als tangentiale

Striche abgebildet. Objektive, bei denen der Astigmatismus korrigiert ist, nennt man Anastigmaten.

Weist ein Objektiv eine Bildfeldwölbung auf, so wird das Bild nicht auf einer Ebene, sondern auf einer gewölbten Fläche erzeugt. Die Position des Strahlenschnittpunkts längs der optischen Achse ist dann von der Bildhöhe abhängig, d. h. je weiter Objekt- und damit Bildpunkt von der Achse entfernt sind, umso mehr ist der Bildpunkt in Achsrichtung verschoben. Aus diesem Grund kann der flachliegende Film oder Bildsensor nicht überall ein scharfes Bild erzeugen. Stellt man auf die Bildmitte scharf, ist der Bildrand unscharf und umgekehrt. Die Bildfeldwölbung kann durch die geschickt gerechnete Anordnung der Linsen unterhalb einer gewissen Schwelle gehalten werden. Bei manchen Spezialkameras wird die Bildwölbung auch durch Anpressen des Bildträgers an eine entsprechend gekrümmte Fläche ausgeglichen.

Ein letzter Abbildungsfehler ist die **Verzeichnung**. Sie bewirkt, daß gerade Linien, deren Abbilder nicht durch die Bildmitte gehen, gekrümmt wiedergegeben werden. Der Abstand eines Bildpunktes von der Bildmitte hängt also auf nichtlineare Art von der Höhe des entsprechenden Objektpunkts ab. Anders ausgedrückt hängt der Abbildungsmaßstab von der Höhe des Objektpunkts ab. Nimmt der Abbildungsmaßstab mit zunehmender Höhe ab, nennt man dies **tonnenförmige Verzeichnung**. Dann wird ein Quadrat mit nach außen gewölbten Seiten abgebildet und sieht ein wenig aus wie eine Tonne. Der umgekehrte Fall wird als **kissenförmige Verzeichnung** bezeichnet. Es können auch **wellenförmige Verzeichnungen** auftreten, wenn sich die beiden ersten Verzeichnungsarten verschieden stark überlagern. Dann werden gerade Linien wie Wellenlinien zu beiden Seiten gekrümmt.

Aplanat und Anastigmat sind heute nur noch historische Bezeichnungen, weil diese Korrekturen bei aktuellen Optiken Standard sind.

Die zur **Aberration** zusammengefaßten Faktoren unterliegen zu einem großen Teil der Kontrolle der Ingenieure und können durch entsprechend aufwendige Konstruktion schon bei großen Öffnungen nahezu ausgeschaltet werden. – Die Konstrukteure von Zeiss oder Leica beweisen dies immer wieder. Allerdings lassen sich diese Abbildungsfehler nicht „mal eben so" berechnen. Wenn Sie also wissen wollen, wie gut ein bestimmtes Objektiv in

Abbildungsschärfe I:
Optik, geometrische Schärfe und Schärfentiefe

dieser Hinsicht abschneidet, müssen Sie Testberichte konsultieren oder Vergleichsaufnahmen bei verschiedenen Blendeneinstellungen machen. Die generell tradierte Regel besagt, daß die Aberration ihre geringste Ausprägung bei Abblendung auf zwei bis vier Stufen unter die maximale Öffnung aufweist. Ab dieser Blendenstufe öffnet sich das Fenster zu den scharfen Bildern. Wie groß es ist, wie weit es sich also in den Bereich der kleinen Öffnungen erstreckt, hängt von der Größe des zugrunde gelegten Zerstreuungskreises ab. Denn je kleiner die Öffnung ist, umso stärker fällt die damit unweigerlich einhergehende Beugung aus. – Der kurze Weg zur maximalen Bildschärfe führt also nicht über die Devise „abblenden, bis der Arzt kommt"

Etwas Grundsätzliches zur **Beugung** haben wir ja schon im Abschnitt „Die Beugung als physikalische Einschränkung" im Kapitel „Das Auflösungsvermögen des visuellen Systems" gelernt. Um Ihnen das Zurückblättern zu ersparen, rekapituliere ich noch mal kurz. Die Lichtwellen verlaufen normalerweise geradlinig durch den Raum. Treffen sie auf ein Hindernis oder passieren ein solches in großer Nähe („nah" meint im Bereich weniger Wellenlängen), so werden sie auf der anderen Seite aus dieser geraden Richtung abgelenkt. Diesen Vorgang nennen wir Beugung und er ist ein unvermeidbarer physikalischer Effekt und unabhängig von der Qualität der Optik. Je kleiner die Öffnung umso größer ist die Beeinträchtigung der Abbildung durch die Beugung. Aufgrund dieser Zerstreuung in unterschiedliche Richtungen legen die Lichtwellen dann nicht mehr alle dieselbe Entfernung zurück, sondern verlassen zum Teil ihre ursprüngliche Schwingungsrichtung. Das führt dazu, daß sie sich an einer Stelle überlagern und ergänzen bzw. an einer anderen ganz oder teilweise auslöschen. Diese Überlagerung (**Interferenz**) produziert ein **Beugungsmuster** (auch **Beugungsscheibchen**) das die höchste Intensität dort aufweist, wo sich die Wellen addieren und die geringste, wo sie sich auslöschen. Würden wir die Stärke an jeder Position einer geraden Linie messen, so ergäbe sich ein Band ähnlich dem, das Abb. 4 auf S. 14 in b) zeigt. Eine perfekt runde und daher ideale Blende würde ein Beugungsmuster produzieren, das nach seinem Entdecker, dem britischen Astronomen Sir George Airy (1835-1892), als **Airy-Scheibchen** (auch **Airy Disk**) bezeichnet wird. Auf einen praktischeren Fall übertragen können wir uns die Beugung wie bei einem Wasserschlauch vorstellen. Genügend Druck vorausgesetzt verläßt ihn das Wasser als nahezu runder

Zwischen Aberration und Beugung – Nicht jede Belnde ist eine gute Blende

Strahl. Wenn wir die freie Öffnung aber mit den Fingern ein wenig zusammendrücken, wird der Strahl zu einem mehr oder weniger breiten Fächer auseinandergezogen.

Hier kommen wir nun auf unseren schon angesprochenen wichtigen Bezug zurück: Die Abbildungsschärfe ist beeinträchtigt, wenn das Beugungsscheibchen größer wird als unser maximal zulässiger Zerstreuungskreis. Dann wird der auf der Gegenstandsseite vorhandene Punkt aufgrund der Ablenkung der Lichtwellen nicht mehr als solcher abgebildet, sondern zu einer Scheibe aufgeweitet. Die Frage lautet also: wie weit können wir Abblenden ohne Gefahr zu laufen die dadurch erreichte größere Schärfentiefe durch zu große Beugungsscheibchen zu konterkarieren? Um die Antwort zu finden, holen wir noch ein ganz bißchen weiter in die Physik aus.

Die Lichtintensität $I(r)$ hinter einer Blendenöffnung folgt der **Besselfunktion erster Ordnung** $J1(r)$, wobei r für den Radius der Öffnung steht:

Formel 27

$$I(r) = \left(\frac{J_1(r)}{r} \right)^2$$

Damit können wir den Airy Disk mit seinen nach außen schwächer wer-

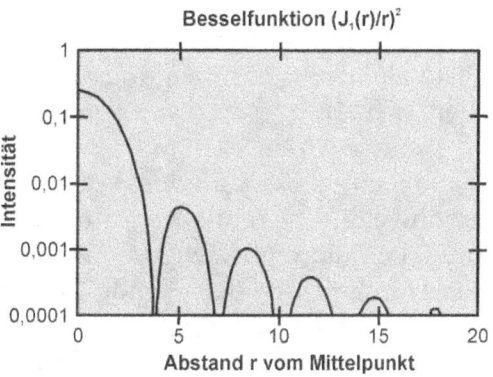

Abb. 39: Graphische Darstellung der Besselfunktion

denden Ringen berechnen, die nur bedeuten, daß die Lichtintensität in regelmäßigen Abständen auf null zurückgeht. Diese Oszillation um den Nullpunkt spiegelt die graphische Darstellung der Funktion in Abb. 39 wider. Tatsächlich gibt es eine unendlich große Anzahl dieser Oszillationen, aber rund 84% der Intensität finden wir am ersten Nullpunkt. Dieser liegt bei:

$1,21967 * \lambda / 2 * R$

λ = Wellenlänge des Lichts
R = Radius der Öffnung/Blende

Die Größe des Beugungsscheibchens ist umgekehrt proportional zur Öffnung. Das heißt, je größer die Öffnung, desto kleiner ist das Beugungsscheibchen. Außerdem ist seine Größe proportional zur Wellenlänge des

Abbildungsschärfe I:
Optik, geometrische Schärfe und Schärfentiefe

Lichts. Je kurzwelliger das Licht ist, desto kleiner ist das Beugungsscheibchen.

Wenn wir den Abstand zwischen Blende und Film auf den Wert der Brennweite f vereinfachen und die Tatsache mit einbeziehen, daß sich der Durchmesser der Blende D aus der Funktion f/D ergibt, können wir direkt ableiten, daß der Durchmesser des Beugungsscheibchens am ersten Nullpunkt aus der folgenden Funktion ergibt:

Formel 28

$2{,}43934 * \lambda * N$

λ = Wellenlänge des Lichts
N = Blendenzahl

Dies ist ein bißchen schwierig auf eine tatsächliche Situation anzuwenden, weil das Licht normalerweise nicht aus einer einzigen Wellenlänge besteht, sondern ein kontinuierliches Spektrum zwischen 380 und 750 nm aufweist. Dieser Integration müssten wir eigentlich Rechnung tragen. Tun wir aber nicht. Zur Annäherung begnügen wir uns damit mit jener Wellenlänge rechnen, für die unser visuelles System am empfindlichsten ist. Dies ist der grüngelbe Teil bei 555 nm (0,000555 mm). Basierend darauf ergibt sich:

$2{,}43934 * 0{,}000555 mm * N$
$= 0{,}00135383 * N$

Wie bereits angesprochen, hängt der für die Filmebene relevante Zerstreuungskreis vom Vergrößerungsmaßstab und damit indirekt vom Aufnahmeformat ab. Für das Kleinbildformat liegt er, 8fache Vergrößerung unterstellt, traditionell immer noch bei 0,032 mm und 0,032/0,00135383 = 23,64. Bei Blende 22 ist der Durchmesser des Beugungsscheibchens am ersten Nullpunkt in diesem Fall also genauso groß wie unser maximal zulässiger Zerstreuungskreis. Rechnen wir dagegen mit dem strikteren Wert von 0,0091 mm, der aus dem durchschnittlichen Sehvermögen 20/20 folgt, so ergibt sich 0,0091/0,00135383 = 6,72. Damit liegt die Beugungsgrenze bereits zwischen f/5,6 und f/8. – Ein erheblicher Unterschied in Bezug auf die maximal erreichbare Schärfentiefe. Mit einem Mittelwert von 0,025 mm ergibt sich 0,025/0,00135383 = 18,5. Damit können wir problemlos bis auf f/16 Abblenden.

Tabelle 9 auf der nächsten Seite stellt die nach diesem Schema ermittelten Parameter für die gängigen Aufnahmeformate zusammen. Aufgrund der zum Teil unterschiedlichen Seitenverhältnisse sind unter

Zwischen Aberration und Beugung – Nicht jede Belnde ist eine gute Blende

Tabelle 9 Sweet Spot und Aufnahmeformate				
Aufnahmeformat	Normal-brennweite	Vergrößerungsmaß auf 20x25 cm	Zerstreuungskreis konservativ / **progressiv**	$f/...$ beugungsbegrenzt
1/2.5" 5,7x4,3 mm	7 mm	44x	0,0058 mm / **0,0045 mm**	$f/4.0$ / $f/2.8$
1/1.8" 6,8x5,1 mm	9 mm	35x	0,0073 mm / **0,0057 mm**	$f/5.6$ / $f/4.0$
APS-C 22,5x15 mm	30 mm	11x	0,023 mm / **0,018 mm**	$f/16$ / $f/11$
KB 24x36 mm	50 mm	8x	0,032 mm / **0,025 mm**	$f/22$ / $f/16$
6x6 cm	80 mm	5x	0,051 mm / **0,04 mm**	$f/45$ / $f/32$
6x7 cm	100 mm	4x	0,064 mm / **0,05 mm**	$f/45$ / $f/32$
4x5"	200 mm	2x	0,128 mm / **0,1 mm**	$f/90$ / $f/64$
8x10"	400 mm	1x	0,25 mm / **0,2mm**	$f/180$ / $f/128$

Umständen Ausschnittvergrößerungen nötig, um auf das Endformat zu kommen. Dementsprechend können sich die Angaben dann verschieben. Die beugungsbegrenzten Blendenwerte sind jeweils gerundet. Der progressive Wert bezieht sich auf 0,025 mm.

Aus der Tabelle 9 können wir etwas wichtiges Ablesen: Ausgehend vom 35mm Kleinbild verändert sich der Sweet Spot mit dem Aufnahmeformat. Wächst es, so wächst auch das Fenster praktisch nutzbarer Blenden, weil 4x5" oder 8x10" nicht so stark vergrößert werden müssen, um auf ein Endformat von beispielsweise 20x25 cm zu kommen. Aus diesem Grund dürfen Zerstreuungskreis bzw. Beugungsscheibchen im Negativ größer ausfallen. Umgekehrt müssen die kleineren Formate sehr viel stärker vergrößert werden, um dasselbe Endformat zu erreichen und entsprechend kleiner müssen Zerstreuungskreis bzw. Beugungsscheibchen im Negativ sein, damit sie den Schärfeeindruck im Print nicht mindern. Und ist der Sweet Spot im APS-C Format auch noch gerade groß genug, um effektiv arbeiten zu können, so geraten Aberrationsbegrenzung und Beugungsbegrenzung bei 1/1.8" und 1/2.5" Sensoren oder dem ähnlich großen 8x11 mm Minoxformat derart in Konflikt, daß sie in ein und derselben Blende zu liegen kommen und ein Fenster nahezu nicht mehr existent ist. Aufgrund der verschärft einsetzenden Beugung gestatten es die Optiken dieser Formate auch aus gutem Grund nicht weiter als bis f/5,6 oder f/8 abzublenden. Um überhaupt zumindest eine „gute" Blende zur Verfügung stellen zu können, müssen

Abbildungsschärfe I:
Optik, geometrische Schärfe und Schärfentiefe

sie die Aberration im Bereich der großen Öffnungen schon durch sehr gute Korrektur ausschalten.

Ein Mikrometer, abgekürzt μm, entspricht dem millionsten Teil eines Meters:
1 μm = 10^{-6} m = 0,000 001 m.
Oder 1 μm = 10^{-3} mm,
also ein tausendstel Millimeter.

Die deutlich gewordene wenig ausgeprägte Befähigung zur Abblendung machen die kleinen Digitalsensoren dadurch wett, daß sie aufgrund der im Vergleich zum Kleinbildformat kurzen Normalbrennweiten gar nicht weit abgeblendet werden müssen, um einen relativ großen akzeptabel scharfen Bereich zu liefern. Tabelle 10 stellt diese Werte für die einzelnen Formate gegenüber. In dieser Hinsicht ist ihr Problem eher, daß sie gar nicht weit genug geöffnet werden können, um ein Motiv durch geringe Schärfentiefe vom Hintergrund freizustellen. Kleinbild- und Mittelformat besitzen in dieser letzten Hinsicht zwar deutliche Vorteile, sind aber mit Blick auf maximale Schärfentiefe aufgrund der relativ früh einsetzenden Beugungsbegrenzung häufig ein bißchen knapp dran. – Mit den aus praktischer Sicht als Maximalwerte anzusehenden Blenden $f/11$ (KB) und $f/22$ (MF) kommt man nicht sehr weit. Die Werte der absoluten Schärfentiefe liegen bei ihnen (formatäquivalente Blende vorausgesetzt) nah beieinander. Bei den Großformaten 4x5" und 8x10" erkennen wir dagegen bei den formatäquivalenten Blenden eine Abnahme der Schärfentiefe. Sie spielt aber keine Rolle, denn erstens ist ihr *Sweet Spot* groß genug, um dies durch weiteres Abblenden zu kompensieren und zweitens verfügen Kameras dieser Formate über Verstellmöglichkeiten, mit denen sich Objekt- und Bildebene übereinanderlegen lassen. Diese **Schärfedehnung nach Schimpflug** (benannt nach dem österreichischen Offizier und Kartographen Theodor Scheimpflug, 1865-1911, der sie 1907 entwickelte) gestattet es, Vordergrund und Hintergrund gleichermaßen problemlos scharf abzubilden. Mit ihr sind Großbildkameras uneinholbar im Vorteil, denn man kann immer im Bereich der optimalen Blende bleiben und die Schärfentiefe durch die Verschwenkung der Objektiv und/oder Filmstandarte steuern. – Die wunderbar scharfen Abbildungen zahlreicher Kalender und Kunstdrucke legen davon ein beredtes Zeugnis ab! Für Kleinbild- und Mittelformatkameras sind einige

Zwischen Aberration und Beugung – Nicht jede Belnde ist eine gute Blende

Tabelle 10 Schärfentiefe und Aufnahmeformate							
Format	Normal-brennweite	Blende	Zerstreuungskreis-durchmesser konservativ/**progressiv**	Entfernung	Nahpunkt	Fernpunkt	Schärfentiefe
1/ 2.5"	7 mm	2,8	0,0058 mm	5 m	1,88 m	∞	∞
1/ 2.5"	7 mm	2,8	**0,0045 mm**	5 m	2,19 m	∞	∞
1/ 2.5"	7 mm	4	0,0058 mm	5 m	1,49 m	∞	∞
1/ 2.5"	7 mm	4	**0,0045 mm**	5 m	1,76 m	∞	∞
1/ 1.8"	9 mm	2,8	0,0073 mm	5 m	2,21 m	∞	∞
1/ 1.8"	9 mm	2,8	**0,0057 mm**	5 m	2,52 m	301,42 m	298,9 m
1/ 1.8"	9 mm	4	0,0073 mm	5 m	1,79 m	∞	∞
1/ 1.8"	9 mm	4	**0,0057 mm**	5 m	2,08 m	∞	∞
APS-C	30 mm	5,6	0,023 mm	5 m	2,92 m	17,32 m	14,39 m
APS-C	30 mm	5,6	**0,018 mm**	5 m	3,21 m	11,28 m	8,07 m
KB 24x36 mm	50 mm	8	0,032 mm	5 m	3,39 m	9,53 m	6,14 m
KB 24x36 mm	50 mm	8	**0,025 mm**	5 m	3,58 m	8,28 m	4,7 m
6x6 cm	80 mm	11	0,051 mm	5 m	3,49 m	8,79 m	5,3 m
6x6 cm	80 mm	11	**0,04 mm**	5 m	3,74 m	7,56 m	3,82 m
4x5"	200 mm	16	0,128 mm	5 m	4,01 m	6,63 m	2,62 m
4x5"	200 mm	16	**0,1 mm**	5 m	4,19 m	6,19 m	1,99 m
8x10"	400 mm	32	0,25 mm	5 m	4,07 m	6,49 m	2,43 m
8x10"	400 mm	32	**0,2mm**	5 m	4,22 m	6,13 m	1,9 m

wenige Objektive und Zubehörteile erhältlich, die diese Verstellbarkeiten nachahmen.

Eine über den Vergleich zwischen Zerstreuungskreis und Begungsscheibchen hinausgehende Besonderheit ergibt sich im Fall der aktuellen Consumer- und Prosumer Digitalkameras. Ihre Bildsensoren besitzen Pixel, die so klein und so dicht aneinandergereiht sind, daß es keiner besonders starken Abblendung bedarf, damit der Airy Disk zwei oder mehr von ihnen gleichzeitig bedeckt. Darunter leiden dann natürlich Schärfe und Auflösungsvermögen. Basierend auf diesem Kriterium zeigt sich anhand von Tabelle 11, daß die Abbildungsbeeinträchtigung beispielsweise bei der

Abbildungsschärfe I:
Optik, geometrische Schärfe und Schärfentiefe

Tabelle 11 Blende und Beugungsscheibchen		
Blendenzahl	Durchmesser des Beugungsscheibchens	Fläche des Beugungsscheibchens
2	0,0027 mm = 2,7 µm	5,7 µm²
2,8	0,0038 mm = 3,8 µm	11,3 µm²
4	0,0054 mm = 5,4 µm	22,9 µm²
5,6	0,0076 mm = 7,6 µm	45,4 µm²
8	0,0108 mm = 10,8 µm	91,6 µm²
11	0,0149 mm = 14,9 µm	174,4 µm²
16	0,0217 mm = 21,7 µm	369,8 µm²
22	0,0297 mm = 29,7 µm	692,8 µm²
32	0,0433 mm = 43,3 µm	1472,5 µm²

Tabelle 12 Beugungsscheibchen und Wellenlängen			
Blendenzahl	Durchmesser des Beugungsscheibchens in Mikrometern		
	kurzwellig Blau 0,47 µm	mittelwellig Grün 0,53 µm	langwellig Rot 0,6 µm
2	2,3	2,6	2,9
2,8	3,2	3,6	4,1
4	4,6	5,2	5,9
5,6	6,4	7,2	8,2
8	9,2	10,3	11,7
11	12,63	14,2	16,1
16	18,3	20,7	23,4
22	25,2	28,5	32,2
32	36,7	41,4	46,8
45	51,6	58,2	65,9
64	73,4	82,8	93,7

Canon EOS 5D (Pixelmaß 8,2 µm x 8,2 µm = 67,24 µm² Pixelfläche) unter $f/8$, bei der **Canon EOS 20D** (Pixelmaß 6,4 µm x 6,4 µm = 41,0 µm² Pixelfläche) bei $f/5,6$ und bei der **Canon PowerShot A640** mit ihrem viel kleineren Sensor (Pixelmaß 1,97 µm x 1,94 µm = 3,82 µm² Pixelfläche) schon unter $f/2$ auftritt. In der Praxis ist der Effekt nicht ganz so dramatisch, denn Bayer-Muster-Sensoren besitzen in der Regel ein Anti-Aliasing-Filter das die Auflösung um gut 30% mindert. Die **Canon EOS 5D** kommt unter Berücksichtigung dieses Umstands auf eine tatsächlich wirksame Pixelfläche von 87,41 µm² und eine realitätsnahe Beugungsbegrenzung zwischen $f/8$ und $f/11$ (**Canon EOS 20D** = 53,3 µm² ~ $f/5,6$-$f/8$, **Canon PowerShot A640** = 4,97 µm² ~ $f/2$ bis $f/2,8$). Bei diesen Blendenwerten beginnen Schärfe und Auflösung unter der Beugung zu leiden, aber dies ist noch nicht dramatisch. Benutzen Sie jedoch Blendeneinstellungen die weiter darüber liegen, so sind beide, Schärfe und Auflösung, zusehends durch die Beugung und nicht etwa den Sensor begrenzt. – Blenden Sie bei einem aktuellen Vollformat-Sensor auf $f/22$ oder $f/32$ ab, so halbieren Sie mindestens sein tatsächliches Auflösungsvermögen! Sofern Sie also nicht regelmäßig mit hochgeöffneten Optiken arbeiten, brauchen Sie einen Bildsensor mit möglichst großen Pixeln, um Schärfe und Details zu erhalten.

Da die Größe des Beugungsscheibchens von der Wellenlänge des Lichts abhängt, ist zudem erwähnenswert, daß die die drei Grundfarben registrierenden Pixel eines Sensors mit Bayer-Muster ihre Beugungsgrenze bei unterschiedlichen Blenden erreichen. Weil fast alle Bayer-Sensoren doppelt so viele grüne Pixel aufweisen wie rote oder blaue, zeigt sich die schwindende Bildqualität beim Erreichen der Beugungsgrenze ganz besonders stark im Grün- bzw. Luminanzkanal (Tabelle 12).

Jetzt haben Sie zum Schluß vielleicht noch die Frage, warum für unsere vorangegangenen Berechnungen die Blendenzahl genügt, wo wir doch weiter oben davon gesprochen haben, daß der Beugungseffekt vom tatsächlichen Durchmesser der Öffnung abhängt? Ganz einfach. Eine große Öffnung beugt das Licht weniger stark als eine kleine. Das heißt, daß der Winkel in dem die Lichtwellen gebeugt werden, im Fall einer großen Öffnung geringer ist. Je länger die Brennweite nun ist, umso weiter ist die Blende vom Film entfernt und diese Abstandsverlängerung löscht die Veränderung des Beugungswinkels exakt aus. Aus diesem Grund führt dieselbe Blendenzahl bei jeder Brennweite zu einem identischen Beugungseffekt.

Zwischenruf – Der rechnerisch kurze Weg zum scharfen Bild

Das war bis hierher extrem viel Theorie. Schwer verdaulich manchmal, zugegeben. Aus diesem Grund will ich das Wichtigste zu Schärfentiefe, Auflösungsvermögen und Beugung noch mal komprimiert zusammenschreiben. Eine Art Checkliste quasi, die Sie vom Kleinbildformat zu einem knackscharfen 20x30 cm Print führt. Beziehungsweise natürlich nach Umstellung der entsprechenden Werte auch von jeder anderen Vorlagengröße zu jedem anderen Endformat.

1. Festlegung des Vergrößerungsmaßstabs

Ein 20x30 cm Print weist ein Seitenverhältnis von 2:3 auf. Das ist ein Glücksfall, denn es entspricht genau dem Seitenverhältnis der Kleinbildvorlage. Jedes andere Verhältnis müssten wir hier gesondert in Betracht ziehen. Das 20x25 cm Format beispiels-

Abbildungsschärfe I:
Optik, geometrische Schärfe und Schärfentiefe

weise besitzt ein Seitenverhältnis von 4:5. Vergrößern wir darauf ein KB-Dia, nutzen wir nur einen 24x30 mm großen Teil davon. Dieser Ausschnitt besitzt eine Formatdiagonale von 38,42 mm. Beim Original sind es 43,27 mm. Die Diagonale des 20x25 cm Formats mißt 325,3 mm und 325,3/38,24 ergibt einen Vergrößerungsfaktor von 8,47. Unser 20x30 cm Print besitzt eine Formatdiagonale von 36 cm und 360/43,27 ergibt einen Vergrößerungsfaktor von 8,3. Die Formatdiagonale F_d ermitteln Sie nach der Formel:

Formel 31

$$F_d = \sqrt{(b^2 + h^2)}$$

b = Bildbreite
h = Bildhöhe

2. Festlegung des zulässigen Zerstreuungskreisdurchmessers

Hier gehen wir von dem für einen guten Schärfeeindruck ausreichenden Wert von 0,25 mm aus und 0,2/8,3 = 0,024. Bequemerweise ergibt der Kehrwert (1/x) dieser Angabe das für das Negativ notwendige Auflösungsmaß in Linienpaaren pro Millimeter: 1/0,024 = 41,6 Lp/mm. Diese Werte stellen sicher, daß der Print aus 20 cm Entfernung scharf erscheint. Dies entspricht der Minimaldistanz aus die ein Erwachsener scharf Sehen kann. Gehen Sie davon aus, daß Ihr Print aufgrund eines größeren Formats auch aus größerer Entfernung betrachtet wird (häufig geht man davon aus daß die Entfernung der Formatdiagonale entspricht), darf die Anforderung an die Schärfe geringer ausfallen. Dann gilt 0,2/200 mm = 0,001 ; 0,001*Betrachtungsabstand (z.B. 300 mm) = 0,3 mm für den Zerstreuungskreis.

3. Festlegung der optimalen Blende

Gemäß Ihrer Bildidee bestimmen Sie an der tatsächlich aufzunehmenden Szene die vordere und hintere Grenze der Schärfentiefe (S_v und S_h). Diese Werte brauchen Sie, um die optimale Blende zu ermitteln, die den gewünschten Bereich mit dem gewünschten Zerstreuungskreisdurchmesser scharf zeichnet:

Formel 32

$$N = \frac{f^2 * (S_h - S_v)}{z * 2 * S_v * S_h}$$

Der Ergebnisunterschied zwischen der Berechnung mit z = 0,025 mm und z = 0,03 mm wird häufig kleiner als eine ganze Blendenstufe sein. Deswegen können Sie die Vorteile dieser komplett manuellen Methode erst dann voll ausschöpfen, wenn es das Objektiv gestattet Blendenwerte in $^1/_2$- oder $^1/_3$ Stufen einzugeben. Für S_v = 3000 mm und S_h = 7000 mm ergibt sich beispielsweise mit z = 0,025 mm eine Blende von 9,92, mit z = 0,03 mm entspricht N = 7,94. Natürlich sollte beachtet werden, ob die errechnete optimale Blende eine Verschlußzeit ermöglicht, die Objekt- oder Kameraverwacklung ausschließt. Wenn nicht, müssen Sie die Empfindlichkeit des Aufnahmemediums erhöhen oder den Film unterbelichten und bei der Entwicklung um die erforderliche Anzahl Stufen pushen.

4. Festlegung des optimalen Fokuspunkts

Zusätzlich setzen Sie S_v und S_h in eine weitere Formel ein, um jenen Fokuspunkt F_p zu ermitteln, der sicherstellt, daß beide Enden der Schärfentiefe gleichmäßig scharf/unscharf ausfallen:

Formel 33

$$F_p = \frac{2 * Sv * Sh}{Sv + Sh}$$

Die genaue Entfernung zu ermitteln wird mit dem Fokussierring des Objektivs in den meisten Fällen schwierig, denn die Zahlenangaben sind dort recht dünn. Aus diesem Grund ist es empfehlenswert ein Zentimetermaß, einen Zollstock oder einen Ultraschall-Entfernungsmesser in den Photorucksack zu stecken. Ein solches Utensil ist ebenfalls nützlich, um ein in der richtigen Entfernung des optimalen Fokuspunkts gelegenes Ziel innerhalb oder außerhalb des Bildausschnitts zu finden. Darauf können Sie dann scharfstellen und ggf. zurück auf den eigentlichen Motivbereich schwenken. Ein zusätzliches Hilfsmittel können eigens angefertigte Entfernungsskalen sein, mit denen Sie die objektiveigenen überkleben. Indexieren Sie sie mit Hilfe eines in regelmäßigen und genau definierten Entfernungen positionierbaren Gegenstands, auf den Sie die Optik scharfstellen. Den Fokuspunkt markieren Sie dann mit einem feinen Marker auf dem Selbstklebestreifen.

5. Festlegung der Beugungsgrenze

Zuletzt müssen Sie nur noch sicherstellen, daß die berechnete optimale Blende keine Beugungsscheibchen erzeugt, die größer sind als der maximal zulässige Zerstreuungskreisdurchmesser. Diese beugungsbegrenzte Blendenzahl errechnet sich als:

Formel 34

$$z / 0,00135383$$

Abbildungsschärfe I:
Optik, geometrische Schärfe und Schärfentiefe

Für den Fall unseres oben errechneten maximal zulässigen Zerstreuungskreisdurchmessers 0,024/0,00135386 = 17,7. So lange wir also nicht weiter als $f/16$ Abblenden ist sichergestellt, daß die Beugungsscheibchen nicht größer als der maximal zulässige Zerstreuungskreisdurchmesser werden und den Schärfeeindruck mindern. Wenn Sie eine weite Landschaft ablichten wollen und aus diesem Grund an der maximalen Ausdehnung der Schärfentiefe interessiert sind, arbeiten Sie mit jener knapp unter der Beugungsbegrenzung liegenden Blende und nutzen ihre zugehörige hyperfokale Einstellung. Im KB stellen Sie also $f/16$ ein und drehen den Fokussierring, bis das Unendlichsymbol der entsprechenden Blendenmarke auf der Schärfentiefenskala gegenübersteht. Anders ausgedrückt stellen Sie auf die Hyperfokaldistanz von 1,22 m scharf. Bei 24 mm KB-Brennweite erhalten Sie so einen scharfen Bereich, der von 61 cm bis unendlich reicht (f 28 mm = Hyperfokaldistanz 1,66 m, Schärfentiefe von 83 cm bis unendlich, f 35 mm = Hyperfokaldistanz 2,59 m, Schärfentiefe von 1,29 m bis unendlich). Ist die errechnete optimale Blende kleiner als die Beugungsbegrenzung, müssen Sie entweder bei gleicher Brennweite den Abstand zur Nahgrenze S_v vergrößern oder bei gleichem Abstand die Brennweite verkürzen. In jedem Fall sollten Sie dann die Berechnung wiederholen.

Die folgende in $^1/_3$ Stufen unterteilte Blendenliste dient der Hilfestellung die richtige Blende einzustellen, wenn die Formeln krumme Zwischenwerte ergeben. Die fett markierten ganzen Stufen sind auf die auf den Objektiven angegebenen Blendenzahlen gerundet.

1.0	3.6	12.7	**45.0**
1.1.	**4.0**	14.3	50.8
1.3	4.5	**16.0**	57.0
1.4	5.0	18.0	**64.0**
1.6	**5.6**	20.2	71.8
1.8	6.3	**22.0**	80.6
2.0	7.1	25.4	**90.0**
2.2	**8.0**	28.5	101.6
2.5	9.0	**32.0**	114.0
2.8	10.1	35.9	**128.0**
3.2	**11.0**	40.3	

Mit dieser Checkliste ist das Aufnahmeprozedere aufwendiger geworden als Sie es bislang gewohnt waren. Aber wenn Sie ihr folgen, wird sich die Qualität Ihrer Aufnahmen im Hinblick auf die Schärfe unzweifelhaft verbessern und die Mühe doppelt wettmachen. Dieser Erfolg ist unabhängig davon, in welchem Format Sie arbeiten oder in welcher Preisklasse Ihr Equipment angesiedelt ist.

Zwischenruf - Der rechnerisch kurze Weg zum scharfen Bild

Glücklicherweise ist es nicht nötig all diese Berechnungen vor jeder einzelnen Aufnahme per Hand durchzupinnen. Den Zerstreuungskreisdurchmesser und die beugungsbegrenzte Blende brauchen Sie für jedes Aufnahmeformat und jede Printgröße nur einmal zu berechnen. Im Fall der für einen endlichen Schärfentiefenbereich optimalen Blende helfen ein programmierbarer Taschenrechner, der sich die Formel merkt oder ein der zahlreichen Programme für den Palm Pilot (o.ä.), die es gestatten den Zerstreuungskreisdurchmesser frei zu wählen (z.B. DOFMaster LE).

Denken Sie aber in jedem Fall daran, daß die hier beispielhaft festgehaltenen Zahlen nur für den zugrunde gelegten Fall gelten: Einen 20x30 cm Print vom Kleinbildformat mit einen Zerstreuungskreisdurchmesser z von 0,2 mm bzw. einer Auflösung von 5 Lp/mm. Wenn Sie einen dieser Eckwerte verändern, müssen z, die optimale Blende und die Beugungsbegrenzung neu berechnet werden.

3 Abbildungsschärfe II: Das photographische Auflösungsvermögen

Inhalt

Die Kontrastübertragungsfunktion (MTF) –
  Das zentrale Element zur Bestimmung des Auflösungsvermögens
Das Auflösungsvermögen der Optiken
Das Auflösungsvermögen der analogen Bildträger
Das Auflösungsvermögen der elektronischen Bildträger
    Informationstheorie – Die grundlegende Beschränkung
    Der Kell-Faktor und das theoretisch maximale Auflösungsvermögen
    Das Auflösungsverhalten bei farbigen Strukturen
    Kleinere Pixel = höheres Auflösungsvermögen?
Das Auflösungsvermögen der digitalen Ausgabegeräte
    Tintenstrahldrucker
    Laserbelichter
    Thermosublimationsdrucker
Die Gesamtauflösung eines Abbildungssystems
Auflösungsvermögen, Betrachtungsabstand und Printgröße
Praktische Bewertung der Aufnahmesysteme

Abbildungsschärfe II:
Das photographische Auflösungsvermögen

Die Kontrastübertragungsfunktion (MTF) – Das zentrale Element zur Bestimmung des Auflösungsvermögens

Das Auflösungsvermögen unserer Aufnahme- und Ausgabegeräte wird in **Linienpaaren pro Millimeter** (Lp/mm) angegeben. Dieses rein technische Maß mutet auf den ersten Blick seltsam an, weil unsere Motive doch aus mehr oder weniger komplizierten Strukturen, aus sanften oder abrupten Tonwertübergängen und groben bzw. feinen Objektdetails bestehen. Aber wenn wir es herunterbrechen, können wir uns jedes Objekt als Summe peri-

Die hohen Ortsfrequenzen der MTF korrespondieren mit feinen Bilddetails. Je ausgedehnter die Kurve, umso feinere Details werden abgebildet und umso schärfer erscheint das Bild.

odischer Strukturen unterschiedlicher Feinheit und Orientierung vorstellen. Der Auflösungstest mit dem Balkengitter ist nur ein sehr einfaches Beispiel dafür. Statt seiner abrupten Übergänge von Schwarz zu Weiß müssen wir uns in der Realität nur weiche Übergänge vorstellen. Sie bilden die Objektstruktur, die wir mit unserem Aufnahmesystem abbilden. Auf dem Weg hindurch wird der Kontrast gemäß der **Kontrastübertragungsfunktion** (Modulations Transfer Funktion – MTF) jeder Komponente geschwächt, so daß das resultierende Bild nur noch eine mehr oder weniger gute Entsprechung des Objekts darstellt.

Um zu bestimmen, wie viele Linienpaare eine Systemkomponente auflösen kann, kam lange Zeit der schon bekannte **Balkentest** zum Einsatz. Sein Testmuster wurde z.B. mit der zu prüfenden Optik auf einen möglichst hochauflösenden Film belichtet, an dem dann durch Inaugenscheinnahme mittels Lupe oder Mikroskop festgestellt wurde, wie viele **Linienpaare pro Längeneinheit** (in der Regel pro Millimeter) gerade noch zu erkennen waren. Da auf diesem Weg der Auflösungsfeststellung die menschliche Wahrnehmung und Urteilskraft beteiligt waren, ergaben sich zwangsläufig inkonsistente Ergebnisse. Die Anzahl der Linienpaare pro Millimeter wäre aussagekräftiger gewesen, wenn ihre Bestimmung bei einem festgeschriebenen Kontrastniveau erfolgt wäre. Aufgrund der erforderlichen Instrumen-

Die Kontrastübertragungsfunktion (MTF)

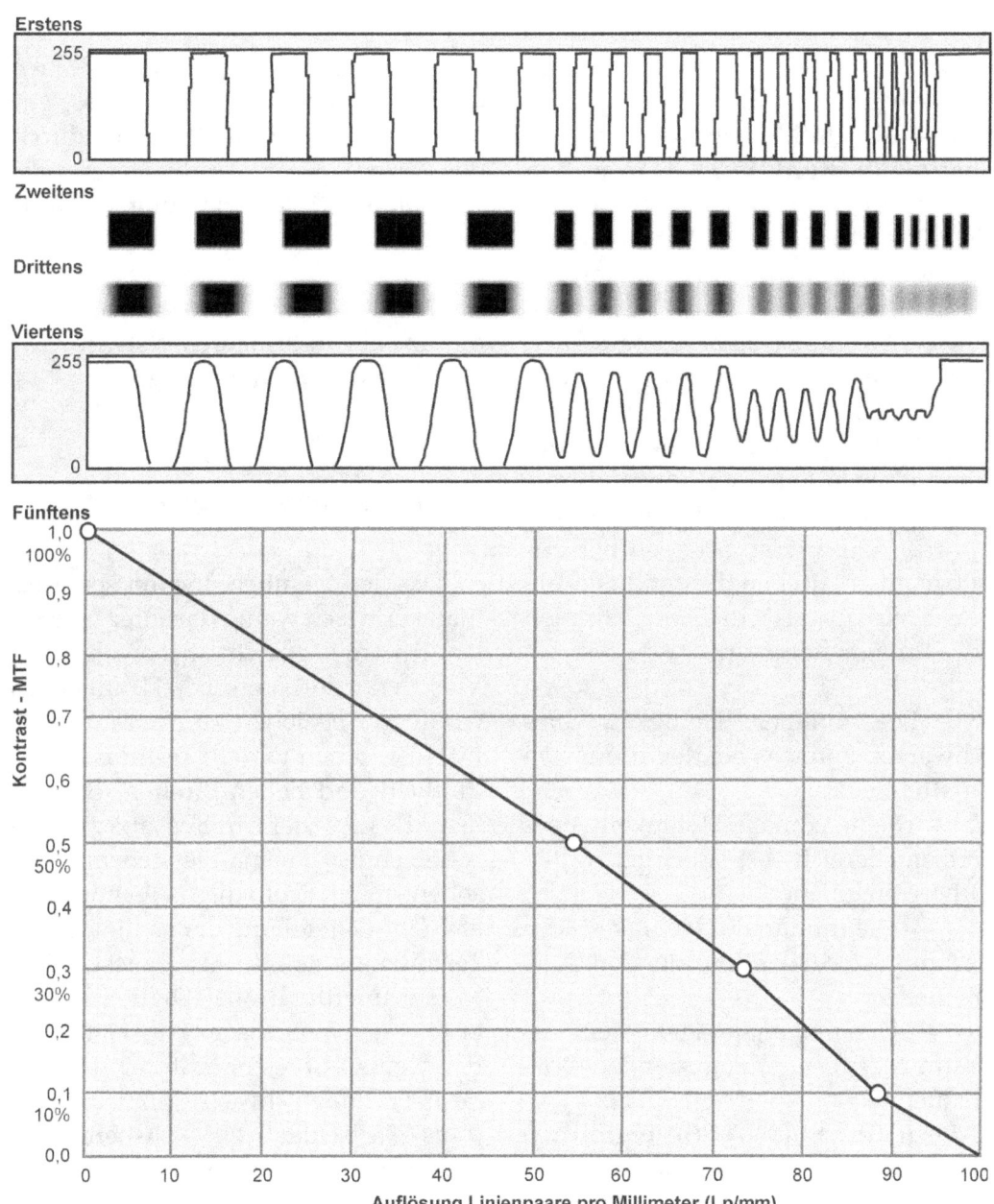

Abb. 40: Herleitung der Modulations Transfer Funktion

Abbildungsschärfe II:
Das photographische Auflösungsvermögen

tierung war diese Anforderung aber sehr schwer zu erfüllen.

Erst die Einführung der **Kontrastübertragungsfunktion** (MTF) in den 1940er Jahren bei *Carl Zeiss* in Jena löste das Problem der Auflösungsbestimmung unter Berücksichtigung der wahrgenommenen Schärfe. Die MTF gibt den Kontrast einer zu testenden Ortsfrequenz f relativ zum Kontrast der geringsten Frequenz an, weil dieser dort 100 % beträgt und man davon ausgehen kann, daß der Kontrast in der Vorlage über alle Frequenzen hinweg konstant ist. Schauen wir uns die mathematischen Bestandteile an, bevor wir zur tatsächlichen Definition der Funktion kommen:

V_S – Die minimale Helligkeit eines schwarzen Bereichs bei der geringsten Ortsfrequenz

V_W – Die maximale Helligkeit eines weißen Bereich bei der geringsten Ortsfrequenz

V_{Min} – Die minimale Helligkeit des Testmusters bei der zu testenden Ortsfrequenz f

V_{max} – Die maximale Helligkeit des Testmusters bei der zu testenden Ortsfrequenz f

$C_{(0)}$ – ((VW-VS)/(VW+VS)) ergibt den Kontrast bei der geringsten Ortsfrequenz

$C_{(f)}$ – ((Vmax-VMin)/(VMax+VMin)) ergibt den Kontrast bei der zu testenden Ortsfrequenz f. Die Division durch den Term (V_{Max}+V_{Min}) reduziert eventuelle Fehler bei der Erfassung des Testmusters

Die **Kontrastübertragungsfunktion** für eine zu testende Ortsfrequenz f definiert sich dann wie folgt:

Formel 28

$$MTF_{(f)} = 100 * C_{(f)} / C_{(0)}$$

Das ist ziemlich theoretisch und man kann sich wenig darunter vorstellen, ich weiß. Anschaulicher wird der Vorgang, wenn wir die MTF auf etwas Greifbares beziehen, so wie es Abb. 40 tut. In 1. sehen wir ein Testmuster aus dunklen und hellen Streifen (Balkentest). Es gibt vier Streifensätze, die jeweils enger beieinanderstehen. In 2. sehen wir ein Profil dieses Testmusters, also eine Darstellung der Helligkeit des Testmusters aus 1. Als Zugeständnis an die unaufhaltsame Digitalisierung bezeichnen wir die größte Helligkeit der weißen Bereiche mit 255 und die geringste der Schwarzen mit 0, denn 0 bis 255 ist der Helligkeitsbereich in einem mit 8 Bit codierten Digitalbild. 3. gibt wider, wie das Testmuster aussehen könnte, wenn es durch ein Objektiv abgebildet wird. Die schwarzen und die weißen Bereiche sind verwischt und diese Unschärfe nimmt zu, je enger sie zusammenstehen. 4. zeigt dann das Helligkeitsprofil dieser hypothetischen Abbildung mit den MTF-Werten, die sich daraus ergeben. 5. bringt dies in eine andere Form. Dort steht der MTF-Wert als prozentuale Angabe des Kontrasts an der y-Achse und die Anzahl der Linienpaare pro Millimeter an der x-Achse. Aus der Übertragung der Helligkeitsverteilung in das MTF-Diagramm ist zu erkennen, daß der Abbildungskontrast der groben Strukturen ganz links gleich 1 ist, also 100% beträgt, bei den mittleren auf 0,3 bzw. 30% sinkt und für die sehr feinen Strukturen auf der rechten Seite nur noch 5% beträgt. Unter der Maßgabe, daß eigentlich alle Strukturen, die groben wie die feinen, mit gleich großem Kontrast abgebildet werden sollen, ist die Qualität der Optik besser, je höher der Kontrast im Verhältnis zur Anzahl der Linienpaare pro Millimeter bleibt. Die **maximale Auflösung**, an der wir ja ursächlich interessiert sind, stellen wir dort fest, wo die feinsten Strukturen gerade noch zu erkennen sind. Zur Festlegung von „gerade noch erkennbar" legt man MTF-Werte zwischen 5% und 2% zugrunde. In unserem Fall sind dies 90 Lp/mm.

Das Auflösungsvermögen der Optiken

Wie wir bereits im Abschnitt „Zerstreuungskreis und Beugungsscheibchen – Nicht jede Blende ist eine gute Blende" ausführlich thematisiert haben, wird die Abbildungsleistung einer Optik durch die **Aberration** auf der Seite der großen Blendenöffnungen und die **Beugung** auf der Seite der kleinen Öffnungen begrenzt. Alles, was dort ausgesagt wird, gilt 1:1 auch für das Auflösungsvermögen. In Bezug auf die Beugung können wir hinzufügen, daß innerhalb des Beugungsmusters die Breite des **Airy Disks** dazu benutzt wird, um das theoretisch maximale Auflösungsvermögen eines optischen Systems zu bestimmen: es entspricht dem Durchmesser des ersten dunklen Rings. Für ein 50 mm Objektiv und Blende 1,8 ergibt sich:

$$d = 2 * 1,22 * \lambda \frac{f}{D}$$

$$d = 2 * 1,22 * 0,000555 * \frac{50}{27,8}$$

$$d = 0,0013542 * 1,8$$

$$d = 0,00244 mm = 2,44 \mu m$$

Abbildungsschärfe II:
Das photographische Auflösungsvermögen

Für dasselbe 50 mm Objektiv und Blende 22 erhöht sich der Wert auf:

$$d = 2 * 1{,}22 * \lambda \frac{f}{D}$$

$$d = 2 * 1{,}22 * 0{,}000555 * \frac{50}{22}$$

$$d = 0{,}0013542 * 22$$

$$d = 0{,}02979\,mm = 29{,}79\,\mu m$$

Praktisch berücksichtigt werden alle Faktoren bei der Auflösungsbestimmung mit der MTF, wie im vorangegangenen Abschnitt erläutert. Und genau wie dort beschrieben, können uns MTF-Diagramme in den Datenblättern der Optiken begegnen. Können, müssen aber nicht. Denn streng genommen definiert die Kontrastübertragungsfunktion, so wie wir sie bis hierher kennengelernt haben, das Auflösungsvermögen nur für einen einzigen Punkt im Bildfeld. Weil Schärfe und Auflösungsvermögen einer Optik aber in der Mitte am größten und am Rand am geringsten sind, brauchen wir eigentlich für jeden einzelnen Punkt eine eigene MTF. Aus diesem Grund gibt es eine alternative Darstellungsart, die die MTF für eine bestimmte Ortsfrequenz als Funktion der Entfernung von der Bildmitte angibt.

Unabhängig davon, ob das Auflösungsvermögen einer MTF in Linien oder Linienpaaren pro Millimeter angegeben ist, bezieht sich der Wert immer auf Linienpaare, denn eine einzelne schwarze Linie ist ohne die trennende weiße nutzlos.

Abb. 41 zeigt diese am Beispiel des Canon 1.4/50 mm Objektivs. Dies Diagramm weist an seiner vertikalen Achse Werte zwischen 0 und 1 auf, die

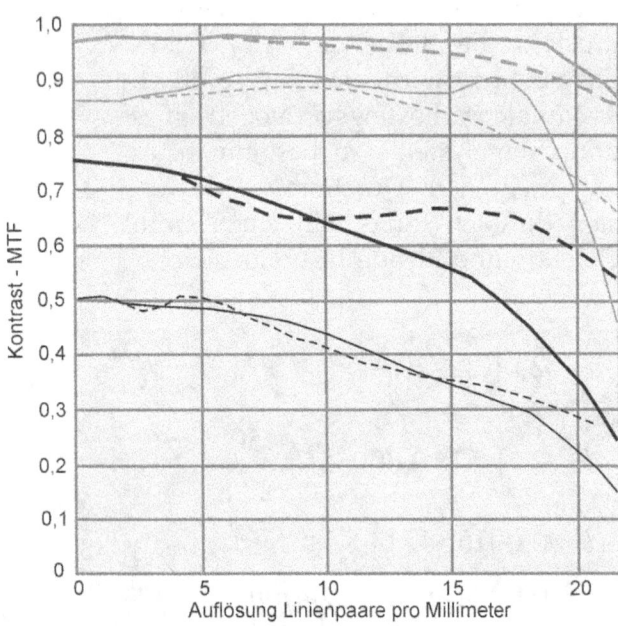

Abb. 41: MTF-Diagramm des Canon FD 1,4/50 mm

Das Auflösungsvermögen der Optiken

eine Kurzform für 0% und 100% darstellen. 0,1 bedeutet also 10% Kontrast, 0,5 ist gleich 50% Kontrast und 1 gleich 100% Kontrast. Die horizontale Achse ist in Millimeter geteilt und gibt die Entfernung von der Bildmitte (0) zum Rand (20) hin an. Da eine 35 mm Kleinbildaufnahme eine nominelle Breite von 35 mm besitzt, liegt dieser zweite Punkt am Rand des Bildes. Je höher ein Punkt im Diagramm angesiedelt ist, umso größer ist sein Kontrast und je weiter er rechts liegt, umso weiter ist er von der Bildmitte entfernt. Darüber hinaus zeigt die Abbildung noch schwarze und graue, dicke und dünne sowie durchgezogene und gestrichelte Linien, insgesamt also acht verschiedene Linientypen. Die **dicken Linien** repräsentieren die Messergebnisse für die geringe Auflösung von 10 Lp/mm, die **dünnen Linien** jene für die höhere Auflösung von 30 Lp/mm. Die **schwarzen Linien** geben die Messergebnisse bei offener Blende an, die **grauen Linien** die bei Abblendung auf Blende 8. Zu guter Letzt haben wir noch die **durchgezogenen Linien**, welche die Ergebnisse für tangentiale Linien zeigen und die **gestrichelten Linien**, die jene für sagittale Linien angeben. Abb. 42 illustriert diese beiden Linientypen.

Sagittale Linien sind solche, die parallel zu einer Diagonale durch die Bildmitte verlaufen. Tangentiale Linien verlaufen im 90°-Winkel zu dieser Diagonalen.

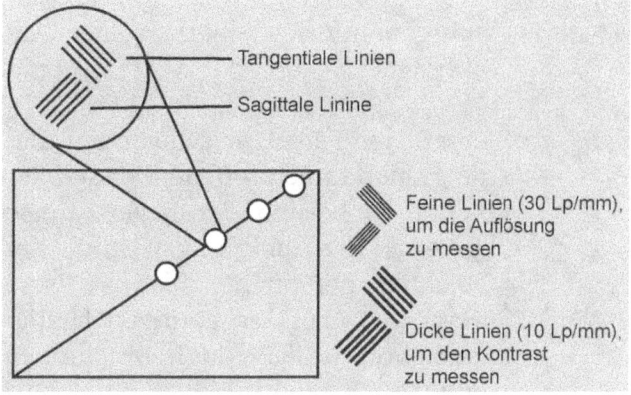

Abb. 42: Sagittale und Tangentiale Linien

Um ein MTF-Diagramm in der angesprochenen Form richtig zu interpretieren, sollten wir uns ein paar Regeln einprägen:

• Je weiter oben die dicken Linien (10 Lp/mm) im Diagramm stehen, umso höher ist die Kontrast-Reproduktionsfähigkeit des Objektivs. Objektive bei denen dieser Linientyp über 0,8 steht dürfen als exzellent bezeichnet werden. Steht er über 0,6, so werden sie als befriedigend angesehen. Alle darunter Liegenden sollten nicht in Betracht gezogen werden.

• Je weiter oben die dünnen Linien (30 Lp/mm) im Diagramm stehen, umso höher ist die Auflösungsfähigkeit des Objektivs und damit auch die

Abbildungsschärfe II:
Das photographische Auflösungsvermögen

wahrgenommene Schärfe seiner Abbildung.

- Je dichter die schwarzen- und die grauen Linien (offene Blende bzw. Blende 8) beieinander liegen, umso besser ist die Abbildungsleistung des Objektivs bei offener Blende. Diese kommt uns bei den geringen Helligkeiten von Available Light Situationen entgegen.

- Je dichter die durchgezogenen- und die gestrichelten Linien beieinander liegen, umso gefälliger ist die Abbildung jener Bildbereiche, die eigentlich außerhalb des Schärfebereichs liegen. Dies wir mit dem japanischen Wort *bokeh* beschrieben.

Am Schluß sei noch darauf hingewiesen, daß uns die Kontrastübertragungsfunktion keinesfalls alles verrät, was die Charakteristik eines Objektivs ausmacht. Wichtige Variablen, wie Vignettierung, lineare Verzerrung oder die Anfälligkeit für Streulicht werden in ihr schließlich nicht angegeben. Trotzdem ist die MTF-Kurve ein gut geeignetes Werkzeug, um die Auflösungsleistung einer Optik beurteilen zu können. Zur ihrer richtigen Handhabung ist es wichtig zu wissen, daß man sie nur für Objektive gleicher Brennweite vergleichen darf, wenn man aussagekräftige Ergebnisse erhalten möchte. Der Vergleich einer MTF eines Teleobjektivs mit der eines Weitwinkels führt zu nichts, denn lange Brennweiten sind kurzen aufgrund ihres Aufbaus grundsätzlich überlegen. Darüber hinaus ist der Vergleich von MTF-Diagrammen unterschiedlicher Hersteller häufig problematisch. *Canon* gibt beispielsweise Diagramme an, die auf theoretischen Berechnungen beruhen, während andere Firmen echte Messergebnisse veröffentlichen. Deshalb ist der MTF-Vergleich für Objektive einer Baureihe möglich und hilfreich, der für Optiken verschiedener Hersteller unter Umständen nicht. Informieren Sie sich also genau über die Herkunft der Datenbasis. Natürlich gilt dieser Abschnitt gilt gleichermaßen für Aufnahmeobjektive, wie für Vergrößerungsoptiken.

Die MTF findet nur bei der Auflösungsbestimmung vom Optiken, Silberfilmen und digitalen Bildträgern eine sinnvolle Anwendung, weil sich die Ausgabegeräte in einem Bereich bewegen, der problemlos durch Inaugenscheinnahme oder rein rechnerische Betrachtung ausgewertet werden kann.

Das Auflösungsvermögen der analogen Bildträger

Silberfilm kann Einzelheiten auflösen, die im Größenbereich seiner fundamentalen Bestandteile – der **Silberpartikel** – liegen. Beim Schwarzweißfilm ist diese Größenordnung zwischen 0,2 µm und 2,0 µm angesiedelt. Beim Farbfilm haben wir es statt mit Silberpartikeln mit zwischen 10 µm und 25 µm großen Farbstoffwolken zu tun. Beide Maße sind extrem klein, kleiner sogar als der Wellenlängenbereich des sichtbaren Lichts (380 µm-750 µm) und damit folgerichtig unsichtbar für uns. Zur Bestimmung des Auflösungsvermögens ist es also schon aus diesem Grund wenig zielführend, sich auf dieser Ebene umzusehen. Mindestens genauso wichtig aber ist der Umstand, daß die meisten Filme mehrere übereinanderliegende Schichten besitzen und wir die darin hinter- und nebeneinander angeordneten Silberpartikel (bzw. Farbstoffwolken) nach der Entwicklung als quasi zusammengeballte Masse in der Gesamtstärke der Emulsion wahrnehmen. Diese nur visuell vorhandene Zusammenballung wird als **Korn** bezeichnet und es ist wichtig zu verstehen, daß die **Körnigkeit** des Films nicht auf tatsächlich vorhandenen Partikeln beruht, sondern eine ausschließlich wahrgenommene Eigenschaft ist. Dias gelten als kornlos, weil sie im entwickelten Zustand keine Silberpartikel mehr enthalten und die Farbstoffwolken verschwommene Ränder aufweisen. Die Größe der fundamentalen Filmpartikel und ihr wahrgenommenes „Zusammenklumpen" (das Korn liegt in einer Größenordnung von 10 bis 30 µm.) wirken dementsprechend zusammen und bestimmen das tatsächliche Auflösungsvermögen des Films.

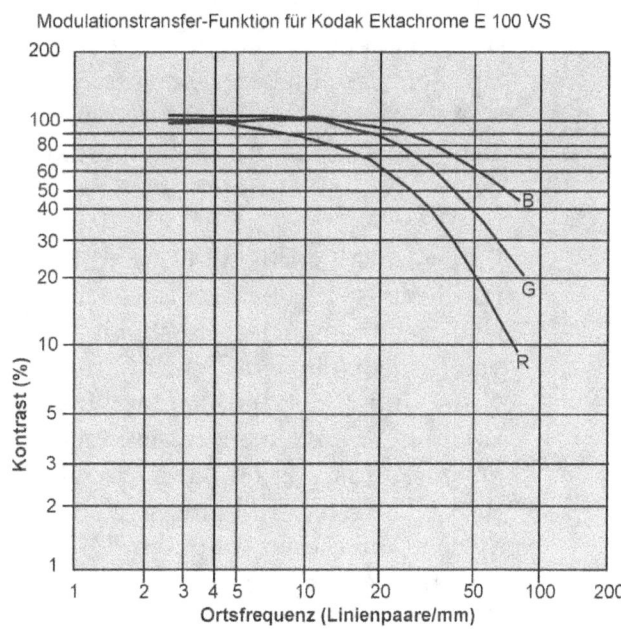

Abb. 43: MTF des Kodak Ektachrome E100VS

Abbildungsschärfe II:
Das photographische Auflösungsvermögen

Nachdem wir die physikalische Begrenzung herausgearbeitet haben, wenden wir uns der Ermittlung des Auflösungsvermögens zu. Genau wie im Fall der Optiken wird es in einer Kontrastübertragungsfunktion (MTF) angegeben. Um sie ohne den Einfluß eines Objektivs zu ermitteln, wird das Testmuster mittels einer Glasplatte mit eingeätzten Mustern direkt auf den zu prüfenden Film belichtet und nach seiner Entwicklung ausgewertet. Da der Film, seine absolut plane Lage in der Bildebene vorausgesetzt, im Gegensatz zu einem Objektiv keinen Auflösungsabfall zu den Rändern hin zeigt, wird das MTF-Diagramm so gegliedert, wie im ersten Fall der Optiken beschrieben: Die horizontale Achse gibt die Anzahl der aufgelösten Linienpaare an, die Vertikale deren Helligkeitsunterschied (Kontrast) als Werte zwischen 1 und 100%. Einziger Unterschied: Da Farbfilme mindestens drei Farbschichten besitzen, geben manche Hersteller Kurven für jede einzelne Schicht an (Rot, Grün und Blau) und andere fassen sie in einer einzelnen zusammen. Im ersten Fall ist die Funktion für Grün die wichtigste, weil unser visuelles System für diesen mittleren Teil des Spektrums am empfindlichsten ist. Abb. 43 zeigt so eine Kurve für den Kodak Ektachrome E100VS. Angegeben wird das Auflösungsvermögen dagegen in beiden Fällen in den Datenblättern jeweils für Motive mit dem sehr geringen Kontrastumfang von 1,6:1 und solche mit dem sehr hohen Kontrastumfang von 1000:1. Im Fall des Kodak Ektachrome E100VS sind dies 80 Lp/mm bei einem Kontrastumfang von 1,6:1 und 160 Lp/mm bei einem Kontrastumfang von 1000:1. In freier Wildbahn stoßen wir nur selten auf solche Extreme und die Werte für realistische Motive mit einem Kontrastumfang von, sagen wir mal, 10:1 liegen im Bereich von 100 Lp/mm. Was die Kombination mit einem Objektiv für die resultierende MTF bedeutet, beleuchtet der Abschnitt „Die Gesamtauflösung eines Abbildungssystems".

Photopapier, mit dem Abzüge im Nassverfahren erstellt werden, ist sehr viel weniger empfindlich als Silberfilm. Aus diesem Grund wird sein Auflösungsvermögen weniger von der Größe der Silberpartikel oder des Korns als vielmehr durch die wegen des Fehlens einer Lichtschutzschicht begünstigte Streuung bedingt. Dazu kommt eine Reihe weiterer Faktoren. Die Art der Papierbasis (kunststoffbeschichtet oder baryt) spielt genauso eine Rolle, wie die Oberfläche (hochglänzend, glänzend, matt oder texturiert) und die Art der Trocknung.

Für ein durchschnittliches Perlglanz RC-Papier, das an der Luft getrocknet wurde, wird in der Regel ein Auflösungsvermögen von gut 75 Lp/mm angegeben, so daß das Papier letztlich keine limitierende Größe in der Bildkette darstellt.

Das Auflösungsvermögen der elektronischen Bildträger

Informationstheorie – Die grundlegende Beschränkung

Genau wie beim Silberfilm spielen auch bei den digitalen Bildsensoren Größe und Abstand der lichtempfindlichen Elemente die grundlegende Rolle für das räumliche Auflösungsvermögen. Die Strukturgröße, die ein Sensor mit gegebener Pixelgröße und -anzahl auflösen kann, wird durch das **Nyquist-Shannon-Abtasttheorem** bestimmt. Es besagt, daß ein kontinuierliches bandbegrenztes Signal (eines mit einer Minimalfrequenz f_{Min} von 0 Hertz und einer Maximalfrequenz f_{Max} von x-Hertz) mit einer Frequenz >= $2*f_{Max}$ abgetastet werden muss, damit man aus dem so erhaltenen zeitdiskreten Signal das Ursprungssignal ohne Informationsverlust (aber mit unendlich großem Aufwand) rekonstruieren bzw. (mit endlichem Aufwand) beliebig genau annähern kann:

Formel 29

$$Abtastfrequenz \geq 2 * Maximalfrequenz$$

Das ist zwar reichlich verquast, sagt im Grunde aber nur, daß zwei Pixel nötig sind, um zwei Strukturen als getrennt aufzulösen. Auf unsere Betrachtung übertragen bedeutet das Theorem, daß die theoretisch maxi-

Harry Nyquist (1889-1976) war ein in Schweden geborener und in die USA ausgewanderter Physiker, der die zur Informationsübertragung erforderliche Bandbreite erforschte.
Claude Elwood Shannon (1916-2001), amerikanischer Mathematiker und Elektrotechniker, hat die Informationstheorie begründet.

mal nutzbare Auflösung in Pixeln oder Linien pro Längeneinheit (Maximalfrequenz) der halben Pixelanzahl in jeder der beiden Dimensionen des Sensors entspricht. Im Fall einer Canon EOS-1Ds Mark II mit einer hori-

Abbildungsschärfe II:
Das photographische Auflösungsvermögen

zontalen Pixelanzahl von 4992 und einem Pixelabstand von 7,2 μm sagt uns die Formel, daß diese Kamera

$$Maximalfrequenz = \frac{Abtastfrequenz}{2}$$

$$Maximalfrequenz = \frac{4992}{2}$$

$$Maximalfrequenz = 2496 \, Linienpaare$$

2496 Linienpaare in dieser Achse und Strukturen bis zu einem Abstand von 14,4 μm zueinander auflösen kann (7,2 μm*2 = 14,4 μm). Teilen wir die 2496 Linienpaare durch die Breite des Sensors (36 mm), so erhalten wir die Anzahl Linienpaare pro Millimeter. Diese Frequenz wird auch als **Nyquist-Frequenz** bezeichnet und markiert die höchste Ortsfrequenz, bis zu der der Sensor echte Informationen erfassen kann.

$$2496 \, Linienpaare \, / 36 \, mm = 63,3 \, Lp/mm$$

Weist das Motiv Strukturen auf, die nah an der Nyquist-Frequenz oder sogar darüber liegen, so wird das Bild aufgrund der für sie zu geringen Abtastfrequenz Artefakte aufweisen, die die reale Szene nicht enthielt. Diese künstlichen Signale werden als **Aliasing** bezeichnet und treten in sich periodisch wiederholenden Mustern als Farbsäume (**Moirés**) und in nichtrepetetiven Mustern als gezackte diagonale Linien (**Jaggies**) hervor. Im Fernsehen kann man den Effekt zuweilen beobachten, wenn der Moderator ein Jakkett im sehr feinem Fischgrätmuster trägt. Um sie zu vermeiden, sollte die Kombination aus Sensor und Optik oberhalb der Nyquist-Frequenz idealerweise keine Reaktion (MTF = 0) zeigen. Praktisch ist dies leider nicht erreichbar und so müssen die Sensoren mit einem **Anti-Aliasing-Filter** (auch Tiefpassfilter) bestückt werden, um die Bilder frei von den ungewollten Artefakten zu halten. Dies ist eine aufgedampfte Schicht, die Licht mit Wellenlängen unterhalb des Pixelabstands absorbiert. Sie wird so dünn wie möglich gehalten, um zusätzlichen störenden Effekten vorzubeugen, führt aber zu einem weicheren Bild, das durch nachträgliche Schärfung wieder aufgebessert werden muss. Nur bei besonders kompakten Digitalkameras (Point-and-Shot) mit Pixelabständen von weniger als 4 μm genügt die dämpfende Modulations-Transfer-Funktion des Objektivs, um das Aliasing zu verhindern.

Um die ganze Theorie abschließend zurechtzurücken, muss man sich darüber klar sein, daß das Ursprungssignal niemals klar begrenzt ist und es keine einheitliche Bedeutung der analogen Rekonstruktion gibt – Drucker, Belichter und Monitore unterscheiden

Das Auflösungsvermögen der elektronischen Bildträger
Informationstheorie

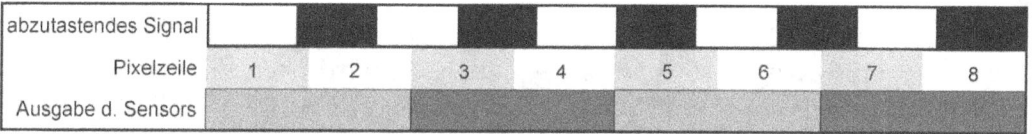

Abb. 44: Aliasing schematisch
Das Schema zeigt die Pixel als abwechselnd weiße und graue Kästchen in der mittleren Zeile. Definitionsgemäß entspricht die Nyquist-Frequenz 1 Zyklus auf 2 Pixel. Das Signal in der oberen Zeile (3 Zyklen auf 4 Pixel) entspricht 3/2 der Nyquist-Frequenz, aber die Ausgabe des Sensors (untere Zeile)entspricht der halben Nyquist-Frequenz. Dies ist falsch und deshalb kommt es zum Aliasing.

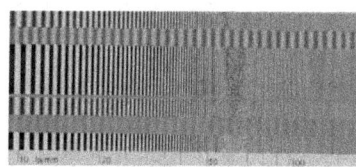

Abb. 45: Aliasing Beispiel
Foto eines Balkentestdiagramms mit einer Kodak DCS 14n, die kein Anti-Aliasingfilter besitzt. Die Auflösung ist bis zur Nyquist-Frequenz (63 Lp/mm) sehr hoch. Weswegen das Aliasing in diesem Bereich sehr ausgeprägt ist. Zum Teil liegt das am Pixelmuster des Bayersensors. Seine horizontale und vertikale Nyquist-Frequenz ist aufgrund der unterschiedlichen Pixelanzahlen für die rot- und blauempfindlichen Pixel nur halb so groß wie für die grünempfindlichen. Der Foveonsensor ist im Gegensatz dazu an jedem Pixel für alle drei Farben empfindlich. Auch er besitzt kein Anti-Aliasingfilter und aus diesem Grund eine hohe Auflösung bis zur Nyquist-Frequenz, aber die von ihm generierten Moirees sind monochrom und deshalb weit weniger augenfällig.

sich schließlich deutlich voneinander. Aus diesen Gründen kann das Originalsignal nie wirklich präzise rekonstruiert werden und Kompromisse zwischen der echten Auflösung und dem Aliasing sind unvermeidlich.

Wenn Sie bis hierher gut mitgedacht haben, könnten Sie nun einwenden, daß das **Abtast-Theorem** eigentlich auch auf den **Silberfilm** anzuwenden sei, ich das im diesbezüglichen Abschnitt aber versäumt habe. Auf den ersten Blick ist das gar nicht so abwegig, aber es gibt ein paar gute Gründe, die dagegen sprechen. Auf einem herkömmlichen Bildsensor weisen die Pixel alle dieselbe Größe auf und sind absolut regelmäßig und ohne Überlappung angeordnet. Nicht so beim Silberfilm. Dort sind die Silberpartikel nicht regelmäßig in der photographischen Schicht verteilt, sondern mehr oder weniger zufällig in ihr angeordnet und weisen auch nicht alle dieselbe Größe auf. Darüber hin-

Abbildungsschärfe II:
Das photographische Auflösungsvermögen

aus ist die Schicht auch mehr als einen Silberhalogenid-Kristall stark, was die Zufälligkeit der Anordnung noch erhöht. Ohne geometrische Regelmäßigkeit gibt es aber keine mathematische Berechenbarkeit und deshalb greift Nyquist hier nicht. Das analoge Material arbeitet also ganz anders als die elektronischen Bildsensoren und wir können die „Filmpixel" nicht direkt mit den digitalen Pixeln vergleichen. Der einzig zweckmäßige Weg beide gegenüber zu stellen ist es, die fertigen Endergebnisse zu betrachten.

Der Kell-Faktor und das theoretisch maximale Auflösungsvermögen

So weit die Theorie. Um die mit ihr errechnete Anzahl der Linienpaare praktisch zu erreichen, ist es natürlich nötig, daß die Linien immer genau auf separate Pixel fallen und deshalb ist das Wort „theoretisch" in diesem Zusammenhang besonders wichtig. Denn realistisch betrachtet ist es außerordentlich verwegen anzunehmen, daß uns die Strukturen unserer Motive den Gefallen tun, sich so regelmäßig anzuordnen. In freier Wildbahn müssen wir eher damit rechnen, daß feine Details auch mal zwischen zwei Pixel rutschen und wenn das passiert, ist unser eben berechnetes theoretisches Maß im Eimer. Natürlich hat dieses praxisnahe Verhalten auch einen Namen. Es wird nach seinem Entdecker, dem bei *RCA* tätigen TV-Ingenieur Raymond D. Kell, als **Kell-Faktor** bezeichnet und liegt in einer Größenordnung von rund 70% bis 80%. Der Kell-Faktor besagt, daß ein System mit einer Abtastrate von x in einer gegebenen Richtung (horizontal oder vertikal) 0,7*x Linien auflösen kann. Achtung, aufpassen, Verwechslungsgefahr: Das Nyquist-Theorem bezieht sich immer auf Linienpaare, der Kell-Faktor auf Linien. Wenn Sie beide vergleichen wollen, müssen Sie entweder Nyquist mit zwei multiplizieren oder Kell durch zwei dividieren.

Daß der Kell-Faktor wirklich realistisch ist, können wir an einem praktischen Beispiel überprüfen. Die Leute von dpreview.com geben in ihrem Test der Canon EOS-1Ds Mark II (effektive Pixel 4992 x 3328) ein gemessenes Auflösungsvermögen von 2800 Linien horizontal und 2400 Linien vertikal an. Diese 2400 Linien in der Vertikalen entsprechen 72% der 3328 Pixel in dieser Ebene. Wenn Sie nun einwenden, daß die 2800 Linien in der Horizontalen aber nur einem Wert von 56% der Pixel dort entsprechen, beachten Sie bitte, daß die Herrschaften ihren Auflösungstest in Bezug auf die Anzahl der Linien pro Bildhöhe kalibriert haben. So sind die Zahlen vergleichbar,

Das Auflösungsvermögen der elektronischen Bildträger
Kell-Faktor, Farbauflösung

ohne Rücksicht auf das Seitenverhältnis nehmen zu müssen. Wenn Sie also den Wert für die Linien pro Bildbreite haben wollen, müssen Sie die angegebene Zahl mit dem Seitenverhältnis 3:2 = 1,5 multiplizieren: 2800*1,5 = 4200. Dieser Wert liegt mit 84% in dem von Kell vorausgesagten Spektrum. Wir können noch einen Schritt weiter gehen. Wenn Sie die mit dem Kell-Faktor errechneten Werte durch zwei teilen, um aus den Linien Linienpaare zu machen, entsprechen die Ergebnisse für die Horizontale und die Vertikale grob $^2/_3$ der von Nyquist vorausgesagten Maximalwerte. Die Angabe $^2/_3$ können Sie sich merken, denn sofern der Sensor einen Anti-Aliasung-Filter besitzt, sperrt dieser ab ungefähr diesem Wert.

Das Auflösungsverhalten bei farbigen Strukturen

Bis hierher bezieht sich alles auf Gittermuster aus schwarzen und weißen Strukturen, gilt also für das räumliche Auflösungsvermögen von Strukturen, die sich im Hinblick auf ihre Helligkeit unterscheiden. Da wir eingangs gesehen haben, daß unser visuelles System aufgrund der Struktur seiner Informationsverarbeitung (Wo-Bahn, Was-Bahn) bei farbigen Vorlagen ein anderes Auflösungsverhalten zeigt, als bei schwarzweißen, sollten wir die elektronischen Bildträger ebenfalls in dieser Hinsicht betrachten.

Bayer-Muster Sensoren generieren Farbe durch den **Demosaicing-Prozess**. So wird der Vorgang genannt, in dem das primärfarbige Filtermuster (**C**olor **F**ilter **A**rray, CFA) in ein fertiges Bild mit voller Farbinformation in jedem Pixel übersetzt wird. Da jede Sensorstelle nur Informationen über einen Bereich des Spektrums liefert (kurzwellig/Blau, mittelwellig/Grün, langwellig/Rot), muss der Demosaicing-Algorithmus die beiden jeweils fehlenden Daten interpolieren, quasi „raten". Dabei stützt er sich

Bayer-Muster Sensoren besitzen doppelt so viele grüne Pixel, wie rote und blaue, weil unser visuelles System für den mittelwelligen Bereich des Spektrums am empfindlichsten ist.

auf die benachbarten Pixelwerte und stellt etwas an, das man im Englischen als *educated guess* bezeichnet. Die einzelnen Pixel werden zu 2x2 Elemente messenden Feldern gruppiert und im Hinblick auf ihre räumlichen und/oder chromatischen Beziehungen miteinander verrechnet. Die dahinterstehende Mathematik ist von Hersteller zu Hersteller verschieden und

Abbildungsschärfe II:
Das photographische Auflösungsvermögen

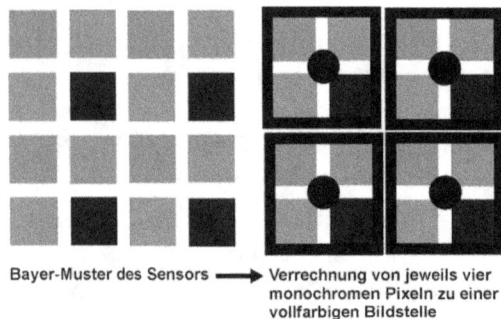

Abb. 46: Demosaicing einfach

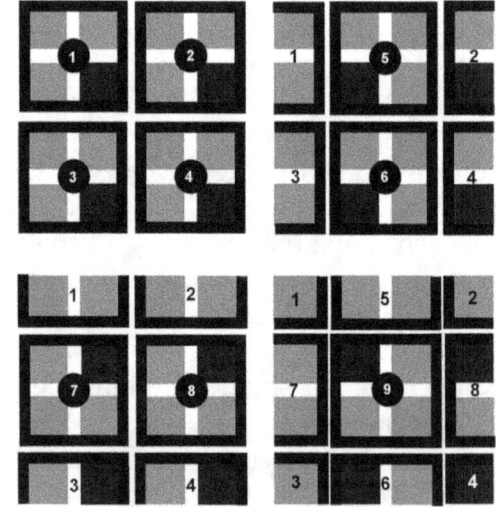

Wert. Aber das ist alles nicht schlimm, denn *unser* Auflösungsvermögen ist in dieser Hinsicht ja sechs mal schlechter.

ein streng gehütetes Geheimnis, denn sie entscheidet maßgeblich über die Bildqualität. Zudem werden ständig neue Algorithmen publiziert. Die z.Zt. Hochwertigsten beziehen auch das gespeicherte Wissen über eine Vielzahl natürlicher Szenen in ihre Berechnungen ein, sind im Hinblick auf den Bildinhalt also adaptiv.

Was das Auflösungsvermögen für farbige Strukturen angeht, so ist zu bemerken, dass es in horizontaler und vertikaler Richtung auf die Hälfte des Helligkeitswertes sinkt, wenn die Kamera diese 2x2 Elemente großen Felder stur nebeneinandersetzt und zu jeweils einem neuen Pixelwert summiert (Abb. 46). Diese wäre der schlechteste Fall. Um einen höheren Wert zu erzielen, werden deshalb einander überlappende Bereiche genutzt (Abb. 47). Auf diese Weise landet das Auflösungsvermögen irgendwo zwischen dem vollen und dem halben

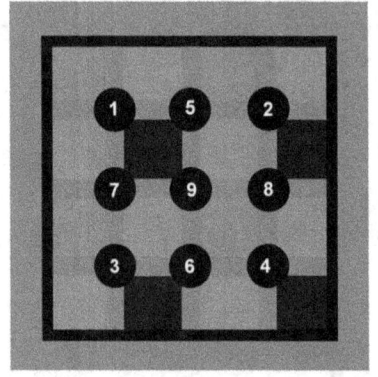

Aus mehreren 2x2 Pixel großen Feldern (oben) werden einzelne vollfarbige Pixel berechnet (unten), um eine höhere Auflösungsleistung zu erzielen.

Abb. 47: Demosaicing aufwendig

Das Auflösungsvermögen der elektronischen Bildträger
Farbauflösung

Kameras mit *Foveon-Sensor* (in der Hauptsache die des Herstellers *Sigma*, zu dem *Foveon Inc.* gehört) kennen kein solches Gefälle. Diese Bildträger integrieren drei übereinanderliegende Schichten für Rot (langwellig, oben), Grün (mittelwellig, mitte) und Blau (kurzwellig, unten). Dank dieser aufwendigeren Architektur, die den Umstand ausnutzt, daß Licht der verschiedenen Wellenlängenbereiche unterschiedlich tief in das Silizium eindringt, liefern sie an jedem Pixel die volle Farbinformation, also Auflösung. Was auf den ersten Blick wie ein Vorteil aussieht, ist aber keiner, denn Farbauflösung in gleicher Größenordnung wie Helligkeitsauflösung ist dank unseren physiologischen Voraussetzungen verschwendet – wir können sie schlicht nicht wahrnehmen. Nur, wenn man spezielle Testtafeln mit Farbkombinationen verwendet, die dieselbe Helligkeit besitzen (also isoluminant sind), ist die Foveon-Technologie dem Bayer-Muster gegenüber im Vorteil. Aber in diesen Fällen hätten wir die gleichen Schwierigkeiten, die Testmuster zu erkennen und außerhalb von Labors begegnen uns Motive ohne Helligkeitsänderungen nur extrem selten.

Nun hört und liest man immer mal wieder die Vermutung, daß das Helligkeits-Auflösungsvermögen von Bayer-Muster Sensoren aufgrund der für das Demosaicing nötigen Blockbildung aus 2x2 Pixeln oder weil angeblich ausschließlich die „grünen Pixel" für das Helligkeitssignal genutzt werden nur halb so groß sein soll, wie das der jeweils monochromen Foveon-Schichten. Aber das ist falsch, denn da die spektrale Charakteristik der Blau-, Grün- und Rotfilter bekannt ist, kann und wird der Helligkeitswert (Y) als gewichtetes Mittel für jedes einzelne Pixel nach der ISO-Vorgabe Y=0.2125*Rot+0.7154*Grün+0.0721*Blau bestimmt.

Was aber, und das ist ein weiterer häufiger Einwand, wenn das Motiv beispielsweise rein grün ist. In diesem Fall müssten die Werte der blauen und roten Pixel null und damit zur Berechnung der Helligkeit nutzlos sein. Aber auch diese Annahme ist falsch, denn sie geht davon aus, daß Helligkeit und Farbe in jedem Pixel komplet unabhängig voneinander sind. Sind sie aber nicht, denn wir haben bis hierher gesehen, daß der RGB-Wert jedes Pixels auf der an jeder Sensorstelle gemessenen Größe plus der Größe der benachbarten Sensorstellen beruht. Diese Berechnung kann die Kamera korrekt anstellen für alle Bilddetails, die nicht feiner sind als 0,25 Linienpaare/Pixel (denn es sind maximal 2x2=4 Pixel nötig, um einen vollen Zyklus in Farbe aufzulösen). Nur in der obersten

Abbildungsschärfe II:
Das photographische Auflösungsvermögen

Oktave der Ortsfrequenzen, die die feinsten Bilddetails umfaßt, können Probleme auftreten. Dort können die Algorithmen anhand von manchen SW-Mustern fälschlich Farbe und umgekehrt SW-Information an Farbstrukturen herstellen. Aber das ist relativ selten der Fall, denn es erfordert, daß die Ortsfrequenz ziemlich genau der Nyquist-Frequenz entspricht. Nichtsdestoweniger sind die Fehler sehr störend, wenn sie denn auftreten.

Bayer-Muster Sensoren stellen also genug Informationen bereit, um alle gröberen Muster, egal ob SW oder Farbe, korrekt darzustellen und geben, was die Helligkeitsauflösung angeht, im Vergleich zu monochromen (Foveon-) Sensoren keinen Boden auf. Anders wären die oben vorgestellten, direkt gemessenen Auflösungswerte für schwarzweiße Gittermuster, die ja an der Grenze des theoretisch Möglichen liegen, nicht zu erklären.

Theoretisch bringt das Foveon-Design also nur in wenigen Ausnahmefällen Vorteile. Praktisch ist es dem Bayer-Muster im Hinblick auf das Auflösungsvermögen bislang in jedem Fall unterlegen. Das liegt in der Hauptsache daran, daß es Sigma bisher nicht gelungen ist Foveon-Sensoren mit wettbewerbsfähigen Pixelzahlen auf den Markt zu bringen: die SD15 (Sensorgröße 20,7x13,8 mm) bringt es auf effektiv 2852x1768 Pixel, eine Canon EOS 500D wartet mit 4752x3168 Pixeln bei vergleichbarer Sensorgröße auf. Das hat wohl in erster Linie Kostengründe. Die große Anzahl der produzierten Bayer-Muster Sensoren gestattet einen geringeren Einzelpreis als beim Foveon-Modell und so bekommt man im ersten Fall für's gleiche Geld mehr Pixel, also ein höheres Auflösungsvermögen. Damit ihre Kameras in den verschiedenen Tests auf den ersten Blick nicht erheblich schlechter abschneiden wie vergleichbare Bayer-Muster Kameras, gibt Sigma das Auflösungsvermögen in Linienpaaren pro Pixel und nicht, wie zur besseren Vergleichbarkeit sonst allgemein üblich, in Linienpaaren pro Bildhöhe an. Zudem läßt man bis heute einfach den Anti-Aliasing Filter weg, was zu Moires führt, die vielfach fälschlicherweise als echte Auflösung gedeutet werden. Fakt ist aber, daß das Nyquist-Shannon Abtasttheorem und der Kell-Faktor bei Foveon-Sensoren genauso gelten, wie bei solchen mit Bayer-Muster. Zudem muss man, um den Vergleich fair zu halten, die unterschiedlichen Pixelzahlen bzw. Sensorgrößen berücksichtigen (Formatfaktor, um die Sigma SD15 mit der der Canon EOS 500D zu vergleichen = 1,08). Da ergibt sich für die Canon EOS 500D eine Nyquist-Frequenz von:

Das Auflösungsvermögen der elektronischen Bildträger
Farbauflösung, Pixelgröße und Auflösungsvermögen

$$\frac{4752}{2} = 2376\,LP$$

$$\frac{2376\,Lp}{22{,}3\,mm} = 106{,}5\,Lp/mm$$

Zum Vergleich die Daten der Sigma SD15:

$$\frac{2652}{2} = 1326\,LP$$

$$\frac{1326\,Lp}{20{,}7\,mm} = 64\,LP/mm$$

$$\frac{64\,Lp/mm}{1{,}08} = 59{,}2\,Lp/mm$$

Die Berechnungen sprechen für sich und an den nackten Zahlen geht kein Weg vorbei. Das bedeutet aber nicht, daß die Foveon-Technik grundsätzlich schlecht ist, ganz im Gegenteil. Bei annähernd gleicher Pixelzahl *und* einem Anti-Aliaisng Filter wären Kameras mit solchen Bildfängern das Nonplusultra, denn sie würden nicht unter den seltenen, aber störenden, strukturellbedingten Farb-Moires der Bayer-Muster Sensoren leiden. Beide Systeme besitzen also (noch) gewichtige Nachteile und jeder Photograph muss anhand der Bildergebnisse beurteilen, welche er in Kauf nehmen will.

Kleinere Pixel = höheres Auflösungsvermögen?

Nun könnten Sie fordern die Pixel doch einfach zu verkleinern, um das Auflösungsvermögen zu erhöhen. Leider muss ich Sie in diesem Punkt, genau wie beim Silberfilm auch, enttäuschen. Zum Teil aus denselben Gründen, zum Teil aus anderen, denn da wir es an dieser Stelle mit elektronischen Bauteilen zu tun haben, kommen neue Faktoren ins Spiel, die nicht auf den ersten Blick zu erkennen sind. Zuerst stellen sich die 1:1 beim analogen Film vorkommenden Probleme der **Empfindlichkeit** und des **Kontrastvermögens**. Kleine Pixel sind weniger empfindlich als größere und können aufgrund der geringeren Gesamtbaugröße des Sensors einen geringeren Kontrastumfang verdauen. In beider Hinsicht schneiden Pixel die kleiner sind als 4 µm besonders schlecht ab. Eine elektronische Spezialität ist das **Rauschen**, die ungewollte elektrische Aktivität aller elektronischen Bauteile, die das nutzbare Signal überdeckt. Sie muss überwunden werden, um mit dem gewollten Nutzsignal arbeiten zu können. Um beide voneinander zu trennen, wird das **Signal-Rausch-Verhältnis** (Störabstand oder

Abbildungsschärfe II:
Das photographische Auflösungsvermögen

SNR vom englischen *Signal-to-Noise Ratio*) als das Verhältnis der mittleren Leistung des Nutzsignals der Signalquelle zur mittleren Rauschleistung des Störsignals der gleichen Signalquelle definiert. Ab diesem Wert kann das Signal vom Rauschen unterschieden werden. Große Pixel sammeln naturgemäß viel Licht, produzieren ein starkes Signal und liefern so ein gutes Signal-Rausch-Verhältnis. Kleine Pixel dagegen sammeln weniger Licht, produzieren ein schwächeres Signal und liefern ein im Vergleich schlechteres Signal-Rausch-Verhältnis. Das Rauschen ist in ihrem Ausgabesignal also präsenter und wenn Sie einmal Bilder verglichen haben, die bei ISO 400 mit einer kompakten Digitalkamera (die in der Regel kleine Sensoren und kleine Pixel besitzt) und einer digitalen Spiegelreflex (die normalerweise große Sensoren und große Pixel hat) aufgenommen wurden, können Sie dies praktisch nachvollziehen. Die genaue Beziehung zwischen der Pixelgröße und dem Rauschen ist nicht leicht festzumachen, da hier mehrere unterschiedlich stark ausgeprägte Mechanismen wirken. Aus diesen Gründen und durch die Kosten – ein großer Sensor mit großen Pixeln kostet mehr, weil ihre Ausbeute in der Produktion geringer ist – hat sich das Pixelmaß zwischen 6 und 9 μm als nahezu optimal herauskristallisiert. Darauf bauen digitale Spiegelreflexkameras, deren Spitzenmodelle das analoge Mittelformat angreifen. Darunter sind die kompakten Digitalkameras angesiedelt, die auf einem Pixelmaß von 3 bis 4 μm oder weniger Sensoren mit Diagonalen zwischen 5 mm und 11 mm bieten.

Das Auflösungsvermögen der digitalen Ausgabegeräte

Tintenstrahldrucker

Diese Druckervariante, die in der digitalen Dunkelkammer den zahlenmäßig größten Anteil stellt, hat im Hinblick auf die Auflösung auf den ersten Blick den Nachteil, daß sie Abstufungen einzelner Farben (Halbtöne) nicht direkt ausgeben kann. Grau ist zum Beispiel ein Halbton genauso, wie ein helles Rot das vom Tonwert der vorhandenen Grundfarbe Rot abweicht. Tintenstrahldrucker müssen diese Tonwerte simulieren, indem sie die vorhandenen Volltöne ihrer Druckfarben (beispielsweise Schwarz, Magenta, Cyan, Gelb, Light Cyan, Light Magenta) so geschickt nebeneinander

Das Auflösunsgvermögen der digitalen Ausgabegeräte Tintenstrahldrucker

platzieren, daß sie uns als Mischung erscheinen. Diesen Vorgang nennt man Dithering. Die Simulation/Illusion ist möglich, weil unser visuelles System Objekte nur bis zu einer gewissen Größe als separat unterscheiden kann. Dies haben wir zu Beginn des Kapitels ausführlich erforscht. Die Druckpunkte, die ein Tintenstrahldrucker erzeugt, liegen größenmäßig weit unter dieser Grenze und deshalb verwischen sie bei der Betrachtung aus normaler Entfernung zu einem einheitlichen Farb- und Helligkeitseindruck.

Bis hierher haben wir ausschließlich mit **Pixeln** bzw. Pixeln pro Inch (ppi) zu tun gehabt. Mit den Tintenstrahldruckern ereilen uns nun **Dots** bzw. Dots pro Inch (dpi). Die Unterscheidung zwischen beiden festzuhalten ist wichtig, auch wenn die Begriffe heute beinahe alltäglich synonym verwendet werden. Pixel sind Pixel und Tintenpunkte sind Tintenpunkte. Beide haben nichts miteinander zu tun, denn Tintenstrahldrucker können unterschiedliche Mengen an Druckpunkten zu Papier bringen unabhängig davon, wie viele Pixel sie pro Inch reproduzieren. Die Druckerauflösung, zum Beispiel 2400 x 1220 dpi, steht in keiner Verbindung zu der in Pixel pro Inch angegeben Bildauflösung. Wenn ein 1440 dpi Drucker also eine Bilddatei von 300 ppi ausgibt, nutzt er 1440 Druckpunkte pro Inch, um 300 Pixel pro Inch zu drucken. Die Bezeichnung dpi sollte demzufolge nur verwendet werden, wenn es um Drucker geht, die nicht halbtonfähig sind und Tonwerte deshalb durch Rasterung/Dithering ausgeben müssen, so wie es bei Tintenstrahldruckern der Fall ist. Bei allen anderen Geräten – Digitalkameras, Monitoren, Scannern, Laserbelichtern und Thermosublimationsdruckern – und bei Bilddateien ist nur die Bezeichnung ppi richtig.

Testtafeln zur Bestimmung des Auflösungsvermögens bekommen Sie im gut sortierten Photo-Fachhandel. Mit 4000 ppi eingescannt und in verschiedenen Auflösungen ausgedruckt erlauben sie die Auszählung der tatsächlich aufgelösten Linienpaare pro Millimeter.

Im Hinblick auf die Auflösung können wir aus der internen Auflösung des Druckers eine Art Obergrenze kalkulieren. Die interne Auflösung ist jenes Maß, auf das die Druckersoftware die Bilddaten zur Tonwertsimulation rastert. Bei den kleinformatigen (< A3) Epson- und Canonmodellen liegt es z.Zt. bei 720 ppi. Die größerformatigen Geräte operieren mit dem halben Wert. Das Programm *Qimage* fragt diesen Wert ab und zeigt ihn an.

Abbildungsschärfe II:
Das photographische Auflösungsvermögen

720 ppi/25,4 mm/2 = 14,2 Lp/mm
360 ppi/25,4 mm/2 = 7,1 Lp/mm

Da die Druckersoftware die Dateien unabhängig von ihrer Auflösung auf den internen Wert herauf- oder herunter rechnet (Resampelt), meinen manche Nutzer im direkten Vergleich Unterschiede im Ausdruck zu erkennen, je nach dem ob exakt 720 ppi, ganzzahlige Vielfache davon (240 ppi/360 ppi bzw. 600 ppi/300 ppi/150 ppi) oder ein Zufallswert übergeben worden ist. Dies führen sie darauf zurück, daß in den meisten Fällen der recht einfache Nearest-Neighbor-Algorithmus verwendet wird. Wenn Sie im Hinblick auf die Schärfe also ganz sicher gehen wollen, übergeben Sie dem Drucker Bilddaten, die exakt in seiner internen Auflösung oder einem ganzzahligen Vielfachen davon vorliegen, und nutzen zum Ressampeln jene hochwertigen Algorithmen, die *Photoshop* oder *Photopaint* anbieten. Das schon erwähnte Programm *Qimage* ist ebenfalls auf diese Aufgabe spezialisiert und bietet eine ganze Anzahl weiterer Algorithmen an.

Die oben berechneten Maximalwerte kann ein Drucker aber ausschließlich dann darstellen, wenn er mit einer Farbe arbeitet. Muss er hingegen einen Tonwert ausgeben, den er nur durch das Über- und Nebeneinanderdrucken seiner Grundfarben erzeugen kann, braucht er dafür mehr Platz. In diesem Fall tauscht er also maximale Auflösung gegen Farbtreue ein. Wie ungünstig dieses Geschäft ausfällt, hängt davon ab, wie groß die einzelnen Tintentropfen sind und wie viel Platz sie dementsprechend beanspruchen. Bei den Topmodellen der aktuellen Gerätegeneration liegt sie bei 1-3 Picolitern (1 Picoliter ist der millionste Teil eines millionsten Liters, 0,000000000001 Liter). Die tatsächliche Druckerauflösung schwankt also mit der Farbigkeit der auszugebenden Bilddaten und kann deswegen auf keinem Weg berechnet sondern nur anhand eines echten Ausdrucks bestimmt werden. Dies mag einer der Gründe dafür sein, warum die Hersteller ihre Geräte nicht mit einem Auflösungsmaß in Linienpaaren pro Millimeter bewerben und lieber auf die (viel höheren) dpi Werte setzen.

Aber Butter bei die Fische, wie viel dürfen wir erwarten? Auswertungen von Testausdrucken (7) haben für einen Epson R800 auf Premium Photopapier eine tatsächliche Auflösung von 8-10 Lp/mm (360 ppi bzw. 720 ppi Datei) ergeben. Diese Werte liegen so schön zwischen den 6,88 Lp/mm, die ein Mensch mit durchschnittlichem Sehvermögen unterscheiden kann und den 13,7 Lp/mm, die wir für je-

Das Auflösunsgvermögen der digitalen Ausgabegeräte
Laserbelichter, Thermosublikationsdrucker

manden mit dem extrem guten Visus von 20/10 annehmen dürfen, daß die so erstellten Adrsrucke beiden in der Praxis als tadellos scharf erscheinen werden. Der Vollständigkeit halber sei erwähnt, daß die Qualität des Papiers ebenfalls eine Rolle für das Auflösungsvermögen spielt. Je nach seiner Oberflächenstruktur verläuft die Tinte mehr oder weniger stark zu den Seiten und mindert so die exakte Begrenzung des Druckpunktes.

Laserbelichter

Belichtungsmaschinen, wie der *Cymbolic Science Lightjet* (gehört heute zu *Océ*), der *Durst Lambda* oder das *Fuji Frontier* Minilab können im Gegensatz zu den Tintenstrahldrucker jeden Farbton (Halbton) direkt ausgeben. Sie nutzen drei Laserstrahlen in den Farben Rot, Grün und Blau, um bis zu 68 Millionen Tonwerte zu mischen und auf herkömmliches RA4 Photopapier zu belichten. Dies wird dann ganz klassisch nass entwickelt. Bei ihnen weist also jedes einzelne Pixel eine eindeutige Farbe auf. Aus diesem Grund können wir ihre Auflösung unter der Voraussetzung, dass ein Inch 25,4 mm entspricht und ein Linienpaar zwei Pixel zur Darstellung braucht, ganz einfach berechnen.

Lightjet 5000 max 406 ppi
= 406/25,4/2 = 8 Lp/mm

Durst Lambda max 400 ppi
= 400/25,4/2 = 7,8 Lp/mm

Fuji Frontier max 300 ppi
= 300/25,4/2 = 6 Lp/mm

Laserbelichtungen auf Fuji Crystal Archive Papier zählen heute aufgrund der hohen Farbsättigung, des großen Dynamikumfangs und der langen Archivfestigkeit zum professionellen Ausgabestandard. Aufgrund der hohen Gerätepreise (> 100000 €) sind Laserbelichter allerdings ausschließlich bei größeren Dienstleistern zu finden.

Thermosublimationsdrucker

Thermosublimationsdrucker verdanken ihren Namen dem Vorgang in dem eine Substanz vom festen in den gasförmigen Zustand übergeht, ohne dazwischen eine flüssige Phase zu durchlaufen. Genau das passiert in diesen Geräten. Heizköpfe schmelzen bei 300°-400° C Farbwachs von flachen Bändern herunter, das sich auf dem Photopapier niederschlägt. Über die Temperatur wird dabei die übertragene Farbstoffmenge bestimmt und die Helligkeit des Bildpunktes gesteuert. Es gibt vier Farbbänder in den Farben

Abbildungsschärfe II:
Das photographische Auflösungsvermögen

Cyan, Magenta, Yellow und Transparent (wird zum Schluß aufgetragen). Die Heizköpfe können jeweils in 256 Stufen angesteuert werden und ergeben sich $256^3 = 16.777.216$ Farbtöne. Da die verwendeten Farbstoffe transparent sind, können sie an jeder Position übereinandergedruckt werden, damit sich ein echter kontinuierlicher Farbverlauf ergibt. Auch bei diesem Verfahren werden die Pixel also im Gegensatz zu den Tintenstrahldruckern jeweils einzeln angesprochen, so daß sich die Auflösung unter der Voraussetzung, daß ein Linienpaar zwei Pixel zur Darstellung braucht, ganz einfach berechnen läßt. Die aktuellen Druckermodelle liegen alle im Bereich um 300 ppi und lösen dementsprechend maximal $300/25{,}4/2 = 6$ Lp/mm auf.

Das Gesamtauflösungsvermögen eines Abbildungssystems

Wie können wir uns die Kombination verschiedener Bildkomponenten im Hinblick auf die Auflösung vorstellen? Das Bild, das wir vor Augen haben sollten, ist, daß jeder Teil des Systems wie ein Filter funktioniert. Auf sie wirken die Ortsfrequenzen ein, die dem unterschiedlichen Detailreichtum des Motivs entspringen. Die Filter wiederum wirken unterschiedlich auf die verschiedenen Frequenzen. Zum Beispiel könnte eine Komponente die Intensität bei 50 Lp/mm auf 80% verringern, während sie eine andere auf 60% senkt. Die kombinierte Verringerung wäre dann $50\%*60\% = 48\%$. Jedes Detail im Bereich von 50 Lp/mm würde in seiner Intensität um diesen Betrag verringert werden und dies würde genauso bei jeder anderen Ortsfrequenz passieren. Wir müssen also die Auflösungswerte der beteiligten Komponenten (Aufnahmeobjektiv, Film/Sensor, Vergrößerungsobjektiv und Photopapier) im analogen genauso wie im digitalen Bereich zu einer Gesamtauflösung des Abbildungssystems kombinieren, um einen Rückschluss auf die Leistungsfähigkeit des Abbildungssystems ziehen zu können.

Leider ist dies nicht so einfach, wie es sich anhört. Soll die Berechnung im ursprünglichen Definitionsbereich „Zeit" oder „Raum" durchgeführt werden, so muss dies mit Hilfe der umständlichen mathematischen Operation **Konvolution** (Faltung) geschehen. Etwas einfacher geht es, wenn im Definitionsbereich „Frequenz" gearbeitet wird. In diesem Fall wird das Signal zuerst mit der **Schnellen Fourier-Transformation** umgerechnet und das Ergebnis, die Frequenz-Komponente des Signals, mit der Frequenz-Reaktion (MTF) der jeweiligen Komponente multipliziert. Am Ende kann die Frequenz-Komponente dann durch inverse Transformation in den Definitionsbereich „Zeit" oder „Raum" zurückverwandelt werden. Aber keine Panik, denn wir können die ganze Angelegenheit mit einigem Recht in zwei Stufen vereinfachen.

Zunächst können wir uns mit Hilfe zweier Formeln einen näherungsweisen Eindruck von der Auflösungsfähigkeit eines Abbildungssystems machen. Ausgehend von der Annahme, daß die Auflösung der Ortsfrequenz entspricht, bei der die Modulation 30% beträgt, können wir diese Werte wie folgt zusammenfügen (Beispielrechnungen für ein Objektiv mit 100 Lp/mm und einen Film mit 80 Lp/mm bzw. ein Objektiv mit 100 Lp/mm und den Sensor den Canon EOS-1Ds Mark II).

Kehrwert-Formel
Objektiv und Film

$1/Ag = 1/Ao + 1/Af + 1/Ax$

$1/Ag = 1/100 + 1/80$

$1/Ag = 1/0{,}0225 = 44 \, \text{Lp/mm}$

Quadratwurzel-Formel
Objektiv und Film

$Ag = 1/\sqrt{(1/Ao^2 + 1/Af^2 + 1/Ax^2)}$

$Ag = 1/\sqrt{(1/100^2 + 1/80^2)}$

$Ag = 1/0{,}016 = 62{,}5 \, \text{Lp/mm}$

Kehrwert-Formel
Objektiv und Digitalkamera

$1/Ag = 1/Ao + 1/As + 1/Ax$

$1/Ag = 1/100 + 1/50$

$1/Ag = 1/0{,}03 = 33{,}3 \, \text{Lp/mm}$

Quadratwurzel-Formel
Objektiv und Digitalkamera

$Ag = 1/\sqrt{(1/Ao^2 + 1/As^2 + 1/Ax^2)}$

$Ag = 1/\sqrt{(1/100^2 + 1/50^2)}$

$Ag = 1/0{,}0223 = 44{,}7 \, \text{Lp/mm}$

Ag – Gesamtauflösung des Systems
Ao – Auflösung des Objektivs
Af – Auflösung des Films
As – Auflösung des Bildsensors
Ax – Auflösung weiterer Komponenten

Beide Formeln, genauso wie ihre verschiedenen noch kursierenden De-

Abbildungsschärfe II:
Das photographische Auflösungsvermögen

rivate, sind wie gesagt nur grobe Annäherungen, geben im Ergebnis aber die wichtige Tatsache wieder, daß die Gesamtauflösung geringer ist, als jene der einzelnen Komponenten. Mit der **Kehrwert-Formel** bekommen Sie einen plausiblen Eindruck davon, wie weit die Auflösung absinken *kann*. Tatsächlich *kann* sie aber auch höher liegen. Die **Quadratwurzel-Variante** leitet ihre Begründung daher, daß im Hinblick auf den Zerstreuungskreis der Durchmesser der Kombinationen berechnet werden sollte, indem man die Quadratwurzel der Bestandteile zieht. Darüber hinaus gibt es aber keine wirklich überzeugende theoretische Begründung für eine einzelne Berechnungsmethode und ganz streng genommen ergibt es auch gar keinen Sinn die Auflösung in einer einzelnen Zahl zu fassen. Deswegen benutzt man ja auch eigentlich MTFs. Am besten nutzen Sie also die Formel, deren Ergebnisse zu Ihren praktischen Erfahrungen passen.

Wenn Ihnen nun noch die Frage auf den Lippen brennt, warum ausgerechnet der 30% Wert und nicht jener für das maximale Auflösungsvermögen benutzt werden soll, dann haben Sie gut mitgedacht und sich von der Mathematik nicht ganz ins Bockshorn jagen lassen! Unser visuelles System kann die schwarz-weißen Linien eines Balkentests bis hinunter zu einem Kontrast von 2% als getrennt auflösen. In einer Abbildung, die durch verschiedene Bilderzeugungs- und -widergabestufen gelaufen ist, wird dieser geringe Unterschied aber durch den systeminhärenten Störteppich (Korn, Rauschen) zugedeckt. Aus diesem Grund ist der maximale Auflösungswert nutzlos, um die tatsächliche Abbildungsqualität zu beschreiben. Nützlich ist dagegen ein Wert, bei dem echter Kontrast vorhanden ist (was wäre die Photographie ohne Kontrast?!), und aus diesem Grund wird in der Regel der 30% Wert benutzt. Manche Autoren ziehen auch den 50% Wert heran, denn er entspricht dem Standardpunkt (-3db) an dem die Bandbreite eines elektrischen Signals bestimmt wird. Außerdem liegt er schön in der Mitte, so daß man sich gut auf ihn einigen kann.

Auflösungsvermögen, Betrachtungsabstand und Printgröße

Nun haben wir uns einen Eindruck davon verschafft, was unser visuelles System und die Aufnahmekomponenten im Hinblick auf die Auflösung feiner Details leisten. Bleibt die Frage zu klären, wie viel wir davon ins fertige Bild transportieren müssen, um den angestrebten „scharfen" Eindruck herzustellen. Um sie zu beantworten, beziehen wir das Gesamtauflösungsvermögen des visuellen Systems zunächst in zwei Schritten auf einen greifbaren Maßstab. Dies ist die Anzahl der schwarz-weißen Linienpaare pro Längeneinheit (z.B. pro mm), die wir mit bloßem Auge aufzulösen in der Lage sind. Wir kennen sie schon aus dem eingangs besprochenen Balkentest und von der Modulations Transfer Funktion. Mit diesem Maß können wir die für ein bestimmtes Bildformat bzw. einen bestimmten Betrachtungsabstand maximal notwendige Auflösung berechnen. Wenn wir das durchschnittliche Auflösungsvermögen von 1 Bogenminute zugrunde legen, können wir den Wert wie folgt bestimmen.

1. Berechnung der Anzahl Linienpaare pro Grad Sehwinkel (Snellen-Nenner = 2. Zahl des Snellen-Wertes). Hier am Beispiel des Snellen-Visus 20/20. Wenn Sie meinem Rat einen Sehtest machen zu lassen gefolgt sind, und bei Ihnen ein anderer Snellen-Wert als 20/20 festgestellt worden ist, setzen Sie an Stelle der 20 unter dem Bruchstrich diese Zahl ein.

Standardwert

$$Lp/° = \frac{600}{SnellenNenner}$$

$$Lp/° = \frac{600}{20}$$

$$Lp/° = 30$$

Ihr persönlicher Wert

$$Lp/° = \frac{600}{Snellen\text{-}Nenner}$$

$$Lp/° = \frac{600}{......}$$

$$Lp/° = ...$$

2. Berechnung der vom Betrachtungsabstand abhängigen Anzahl Linienpaare pro Millimeter (D = Betrachtungsabstand in mm). Die durchschnittliche Naheinstellgrenze des Auges kann variieren und deshalb messen

Abbildungsschärfe II:
Das photographische Auflösungsvermögen

Tabelle 13 Bildformate und Auflösungswerte					
Bildformat	Betrachtungsabstand = Formatdiagonale	Maximal-Auflösung Lp/mm	Maximal-Auflösung ppi	Minimal-Auflösung Lp/mm	Minimal-Auflösung ppi
9x13 cm	16 cm	10,75	546	6,25	317
10x15 cm	18 cm	9,55	485	5,55	282
11x17 cm	**20 cm**	**8,59**	436	**5,00**	254
13x18 cm	22 cm	7,81	400	4,45	226
	25 cm	6,88	350	4,0	203
20x30 cm	36 cm	4,77	242	2,77	141
30x45 cm	54 cm	3,18	161	1,85	94
40x60 cm	72 cm	2,39	121	1,38	70
50x75 cm	90 cm	1,91	97	1,11	56

Sie Ihren persönlichen Wert am besten auch aus. Für den bei einem Erwachsenen anzusetzenden Mindestsehabstand von 200 mm ergibt sich also

Standardwert

$Lp/mm = Lp/° * (180/\pi) * (1/D)$

$Lp/mm = 30 * (180/\pi) * (1/200)$

$Lp/mm = 8{,}59$

Ihr persönlicher Wert

$Lp/mm = Lp/° * (180/\pi) * (1/D)$

$Lp/mm = \ldots * (180/\pi) * (1/\ldots)$

$Lp/mm = \ldots$

Damit haben Sie alle Möglichkeiten an der Hand, um die Auflösung für jeden Visus und jeden Betrachtungsabstand zu berechnen. Für das

Auflösungsvermögen, Betrachtungsabstand und Printgröße

durchschnittliche Auflösungsvermögen 20/20 nehme ich Ihnen diese Arbeit mit der folgenden Tabelle schon mal ab (Berechnung der Pixel pro Inch [ppi]: Lp/mm*2 [denn es braucht 2 Pixel, um ein Linienpaar darzustellen]*25,4 mm [1 Inch=25,4 mm]). Sie setzt voraus, daß der Betrachtungsabstand mit der Bildgröße zunimmt. Üblicherweise ist das der Fall, damit man das dargestellte Motiv auf einen Blick erfassen kann. Setzt man die Formatdiagonale als Betrachtungsabstand ein, ist dies gewährleistet. Wünschen Sie dagegen, daß Ihr Poster auch bei der Inspektion aus der Nähe einen scharfen Eindruck macht, so müssen Sie mit dem Auflösungswert für die durchschnittliche Naheinstellgrenze rechnen.

Ihrem scharfen Auge wird nicht entgangen sein, daß Tabelle 13 neben der **Maximalauflösung** auch eine **Minimalauflösung** angibt. Diese Unterscheidung ist nötig, weil die berechneten 8,59 Lp/mm ja nur die Grenze sind oberhalb der jemand mit durchschnittlichem Sehvermögen (20/20) zusätzliche Auflösung nicht mehr wahrnehmen kann. Sie sagt nichts darüber aus, wie viel Auflösung an der Untergrenze nötig ist, um einen scharfen Eindruck wahrzunehmen. Diese Untergrenze läßt sich nicht eindeutig festmachen, denn sie hängt vom Motiv selbst ab. Weist es viele Details auf, wie bei Natur- und Landschaftsaufnahmen häufig der Fall, muss die Auflösung ein wenig höher liegen als wenn die wenigen klaren Linien einer Architektur- oder Sachaufnahme das Bild bestimmen. Für den ersten Fall gibt die Praxis einen Wert zwischen 4 und 5 Lp/mm vor, für den zweiten einen zwischen 3 und 4 Lp/mm. Für die Berechnung der Tabelle habe ich einen praktikablen Zerstreuungskreisdurchmesser von 0,2 mm zugrunde gelegt. Dieser Wert liegt zwischen unserem maximalen Auflösungsvermögen und dem von der Industrie verwendeten Wert von 0,32 mm. Er entspricht 1/0,2mm = 5 Lp/mm (Auflösung in Lp/mm und Punktausbreitungs-Funktion rechnen sich über den Kehrwert ineinander um). Zwischen 5 und 8,6 Lp/mm ergibt sich demzufolge ein Auflösungsfenster praktisch nutzbarer Werte, die bei durchschnittlichem Sehvermögen und ohne den direkten Vergleich mit einer höher aufgelösten Abbildung alle *einen* visuell scharfen Eindruck gewährleisten. Aber: Höhere Auflösung resultiert innerhalb dieses Fensters immer in einem schärferen Eindruck! Etwas ganz ähnliches haben wir ja bereits im Fall des Zerstreuungskreisdurchmessers festgestellt (siehe „Zerstreuungskreis und Schär-

Abbildungsschärfe II:
Das photographische Auflösungsvermögen

fentiefe – Wahrgenommene Schärfe erstreckt sich über mehr als eine Ebene").

Aber nun wollen wir uns ans Eingemachte begeben und ausgehend von unseren Maximalwerten schauen, wie groß wir die unterschiedlichen Aufnahmeformate printen können. Ich gehe von einem Betrachtungsabstand aus, der der Naheinstellgrenze eines durchschnittlichen Erwachsenen von 20 cm entspricht, um sicherzustellen, daß das Bild auch bei der Inspektion aus der Nähe scharf erscheint. Als Film lege ich den Fuji Velvia 100F Professional zugrunde, der es beim praxisnahem Objektkontrast von 1,6:1 auf 80 Lp/mm bringt.

Kleinbildformat 24 x 36 mm
Objektiv 120 Lp/mm,
Film 80 Lp/mm
= 1/120 + 1/80 = 1/0,021 = 48 Lp/mm
= 48 Lp/mm /5 Lp/mm
= maximal 9,6fache Vergrößerung
= 3,6 cm * 9,6 = 34,6 cm Bildbreite

Mittelformat 6 x 7 cm
Objektiv 90 Lp/mm,
Film 80 Lp/mm
= 1/100 + 1/80 =1/0,0225
= 44,4 Lp/mm
= 44,4 Lp/mm/5 Lp/mm
= maximal 8,9fache Vergrößerung
= 7 cm *8,9 = 62,3 cm Bildbreite

Großformat 4x5" (10,1 x 12,7 cm)
Objektiv 70 Lp/mm,
Film 80 Lp/mm
= 1/70 + 1/80 = 1/0,027
= 37,3 Lp/mm
= 37,3 Lp/mm/5 Lp/mm
= maximal 7,4fache Vergrößerung
= 12,7 cm*7,4 = 94 cm Bildbreite

Großformat 8x10" (20,3 x 25,4 cm)
Objektiv 70 Lp/mm,
Film 80 Lp/mm
= 1/70 + 1/80 = 1/0,027
= 37,3 Lp/mm
= 37,3 Lp/mm/5 Lp/mm
= maximal 7,4fache Vergrößerung
= 25,4 cm*7,4 = 188 cm Bildbreite

Die maximale Printgröße steigt also von gut 35 cm Breite im Kleinbild auf beachtliche 1,88 m im großen Großformat. So vorteilhaft macht sich das größere Negativformat bemerkbar, das ja weniger stark vergrößert werden muss. Darüber hinaus deuten die Zahlen an, daß sich der limitierende Faktor mit zunehmender Formatgröße vom Film hin zum Objektiv verlagert.

Im Kleinbildformat ergibt die Kombination eines guten Objektivs (120 Lp/mm) mit einem durchschnittlichen Film (50 Lp/mm) eine Systemauflösung von 35,3 Lp/mm. Bringen wir denselben durchschnittlichen Film (50 Lp/mm) mit einer erstklassigen Optik

Auflösungsvermögen, Betrachtungsabstand und Printgröße

(150 Lp/mm) zusammen, steigt die Systemauflösung trotz des erheblichen Investments nur um magere 6% auf 37,5 Lp/mm. Kombinieren wir aber das gute Objektiv (120 Lp/mm) mit dem erstklassigen Velvia (80 Lp/mm), erhöht sich die Gesamtauflösung um glatte 26,5% auf 48 Lp/mm. Hier ist der Film ganz klar das die Auflösung begrenzende Element.

Im Großformat verhält es sich wie folgt. Durchschnittliches Objektiv (50 Lp/mm) und durchschnittlicher Film (50 Lp/mm) = 25 Lp/mm. Erstklassiges Objektiv (90 Lp/mm) und durchschnittlicher Film (50 Lp/mm) = 32 Lp/mm. Durchschnittliches Objektiv (50 Lp/mm) und erstklassiger Film (80 Lp/mm) = 31 Lp/mm. Erst die Kombination eines erstklassigen Objektivs (90 Lp/mm) und eines erstklassigen Films (80 Lp/mm) bewegt die Systemauflösung mit 42 Lp/mm einen nachhaltigen Schritt nach vorn und zeigt, daß der Film bei dieser Formatgröße weit weniger limitierend ist.

Im Digitalbereich rechnen wir mit dem Auflösungswert bei der Nyquist-Frequenz. Im Fall einer Canon EOS-1Ds Mark II, die horizontal 4992 Pixel auflöst, ergibt sich also, wie im Abschnitt „Das Auflösungsvermögen der digitalen Bildträger" hergeleitet:

Formel 30

$$\text{Maximalfrequenz} = \frac{\text{Abtastfrequenz}}{2}$$

$$\text{Maximalfrequenz} = \frac{4992}{2}$$

$$\text{Maximalfrequenz} = 2496 \text{ Lp}$$

Teilen wir die 2496 Linienpaare durch die Breite des Sensors (36 mm), so erhalten wir die Anzahl Linienpaare pro Millimeter:

$$2496 \text{ Linienpaare} / 36 \text{ mm}$$
$$= 63,3 \text{ Lp/mm}$$

Kleinbildformat 24 x 36 mm digital
Objektiv 120 Lp/mm
Sensor 69 Lp/mm
= 1/120 + 1/69 = 1/0,023 = 44 Lp/mm
= 44 Lp/mm / 5 Lp/mm
= maximal 8,8fache Vergrößerung
= 3,6 cm * 8,8 = 33 cm Bildbreite

Den Zahlen zufolge liegt das digitale System gleichauf mit dem analogen. Aber viele Praktiker berichten davon, daß sie mit guten Digitalkameras aufgenommene Bilder bis zu 18fach vergrößert in hoher Qualität ausgeben. Für Sensoren, die nur KB-Größe besitzen, ist das eine Überraschung. Beim Film ist daran in diesem Format nicht zu denken, denn

Abbildungsschärfe II:
Das photographische Auflösungsvermögen

das deutlich sichtbare Korn würde den Schärfeeindruck witgehend zerstören. Hochwertige Digitalsensoren weisen dagegen einen sehr niedrigen Rauchpegel auf (Rauschen ist das digitale Äquivalent zum analogen Korn) und deswegen können ihre Bilder weit stärker vergrößert werden. Dies ist aber nicht der einzige Grund für jene bemerkenswerte digitale Eigenschaft, die das analoge Mittelformat mehr als nur herausfordert. Erinnern wir uns an die Kontrastempfindlichkeits-Funktion. Unser visuelles System ist für die Ortsfrequenzen zwischen 4 und 8 Zyklen pro Grad ganz besonders empfindlich und genau in diesem Bereich liegt die MTF hochwertige Digitalsysteme höher als die der besten Silberfilme.

Praktische Bewertung der Aufnahmesysteme

Am Ende scheint es an dieser Stelle Zeit zu sein, ein auf den Zahlen beruhendes Resümee zu ziehen: Die Schärfe, die wir in der Regel im fertigen Bild erzielen, ist in doppelter Hinsicht ein gutes Stück davon entfernt optimal zu sein. In erster Hinsicht liegt sie weit unterhalb der Grenze, die den Fähigkeiten des visuellen Systems entspricht. Seine Auflösungsgrenze liegt bei einem Betrachtungsabstand von 20 cm bei 0,0582 mm. Basierend darauf dürften wir bei 8facher Vergrößerung nur einen Zerstreuungskreisdurchmesser von 0,0582/8 = 0,0073 mm zulassen und müssten eine Auflösung von 1/0,0582 = 17,2 L/mm = 8,6 Lp/mm*8 = 69 Lp/mm im Negativ erzielen. Bei Zugrundelegung eines so geringen Zerstreuungskreisdurchmessers läßt sich eine akzeptable Schärfentiefe nur mit der Schärfedehnung nach Scheimpflug erzielen. Dies ist nur im Großformat und mit einigen wenigen Spezialobjektiven für Kleinbild- und Mittelformat möglich. Der hohe Auflösungswert kann selbst mit einer Großbildvorlage nicht erzielt werden. Wir erinnern uns an die kombinierten Auflösungswerte aus dem letzten Abschnitt:

Kleinbildformat 24 x 36 mm
Objektiv 400 Lp/mm
Film 80 Lp/mm
= 1/120 + 1/80 = 1/0,021
= 48 Lp/mm

Mittelformat 6 x 7 cm
Objektiv 90 Lp/mm
Film 80 Lp/mm
= 1/100 + 1/80 =1/0,0225
= 44,4 Lp/mm

Großformat 4x5" und 8x10"
Objektiv 70 Lp/mm
Film 80 Lp/mm
= 1/70 + 1/80 = 1/0,027
= 37,3 Lp/mm

In zweiter Hinsicht bleibt der industrieseits verwendete Zerstreuungskreisdurchmesser von 0,032 mm zu weit unter dem, was praktisch mit guter Ausrüstung möglich ist. Schauen wir uns einmal an, wie scharf die unterschiedlichen Zerstreuungskreisdurchmesser wirklich sind. Dies können wir anhand ihrer Modulations Transfer Funktion ermessen. David Jacobson hat die Berechnung derselben in seinem *Lens Tutorial* (8) dankenswerter Weise hergeleitet. Für einen Zerstreuungskreisdurchmesser $z = 0,032$ mm ergeben sich damit ohne Beugungseinflüsse die folgenden Werte für die Ortsfrequenzen MTF = 50%, 20% und 10%:

$f_{50} = 0,72/Z = 22,5$ Lp/mm
$f_{20} = 1/Z = 31,25$ Lp/mm
$f_{10} = 1,11/Z = 34,69$ Lp/mm

Für den physiologisch basierten maximal zulässigen Zerstreuungskreisdurchmesser von 0,0073 mm ergibt sich:

$f_{50} = 0,72/Z = 98,6$ Lp/mm
$f_{20} = 1/Z = 137$ Lp/mm
$f_{10} = 1,11/Z = 152$ Lp/mm

Für den als praxisnahen Mittelwert einzusetzenden maximal zulässigen Zerstreuungskreisdurchmesser von 0,025 mm ergibt sich:

$f_{50} = 0,72/Z = 28,8$ Lp/mm
$f_{20} = 1/Z = 40$ Lp/mm
$f_{10} = 1,11/Z = 44$ Lp/mm

Beziehen wir auch diese Angaben auf die zuvor wiederholten kombinierten Auflösungswerte für die verschiedenen Aufnahmeformate, wird der große Abstand des Industriestandards deutlich. Der praxisnahe Mittelwert von 0,25 mm liegt etwas günstiger und der physiologisch basierte Zerstreuungskreisdurchmesser setzt wiederum eine technisch nicht erreichbare Marke.

Die vorgestellten Zahlen zeigen darüber hinaus aber noch zwei andere Aspekte auf. Wenn manche Leute von der super Schärfe ihrer mit Großformatsystem xy aufgenommenen Bilder schwärmen, tun sie das zu Recht, denn die Zahlen zeigen ganz deutlich, daß, gleiches Endformat vorausgesetzt, damit ein größerer Schärfeeindruck zu erzielen ist als mit einem hochwertigen Kleinbildsystem. Um einen 20x30 cm Print vom Kleinbild zu machen, muss 8,3x vergrößert werden und 48 Lp/mm/8,3 = 5,78 Lp/mm. Um vom 4x5"-Format auf 20x30 cm zu kommen, muss nur 2,2x vergrößert werden und 37,3/2,2 = 16,95 Lp/mm. Das 8x10"-Format schneidet natürlich noch besser ab. Wenn manche Leute behaupten, daß sie einen Schärfeunterschied zwischen zwei mit hochwertigen Systemen aufgenommenen Bildern wahrnehmen, tun sie das genauso zu Recht, wie jemand anders der dies nicht so empfindet. Die visuellen Fähigkeiten der Individuen unterscheiden sich schließlich und ein Mensch mit Sehschärfe 20/10 kann aufgrund dessen einen größeren Bereich unterscheiden als einer mit Visus 20/30. Auf Grund dessen ist es aus der persönlichen Sicht durchaus angemessen einen höheren Aufwand bei der Aufnahmetechnik zu treiben und die namhaften Hersteller mit dem eigenen Geld zu unterstützen, ohne sich in mancher Usenet-Diskussion ein schlechtes Gewissen einreden lassen zu müssen.

4 Abbildungsschärfe III: Die Kantenschärfe

Inhalt

Methoden der Kantenschärfung
    Größere Kantenschärfe durch bessere Aufnahmetechnik
    Größere Kantenschärfe durch aktive Bildgestaltung
    Größere Kantenschärfe durch „scharfe Entwicklung"
    Größere Kantenschärfe durch analoges Unscharf Maskieren
    Größere Kantenschärfe durch digitales Unscharf Maskieren

Abbildungsschärfe III: Die Kantenschärfe

Methoden der Kantenschärfung

Die in diesem Abschnitt beschriebenen Schärfungsmethoden können keine Wunder vollbringen und dort 100 %ige Schärfe in ein Bild zaubern, wo es sie nicht bereits aufweist. Nichts, was nicht bereits bei der Aufnahme da war, kann später hinzugefügt werden. Daran können wir auch im Digitalzeitalter nichts ändern, wenn wir ohne Tricks auskommen wollen. Trotzdem können wir die Illusion von größerer Schärfe erzeugen, indem wir die Kantenschärfe (jenen zweiten wichtigen Faktor unserer Schärfewahrnehmung) mit ein paar Maßnahmen steigern. Damit erscheinen die Objekte und Objektkanten hervorgehoben und das Bild erweckt in uns einen gesteigerten Schärfeeindruck.

Größere Kantenschärfe durch bessere Aufnahmetechnik

Bevor wir in den Blick darauf richten, wie wir die Kantenschärfe eines bereits fertigen Bildes verbessern können, wollen wir unseren Fokus zunächst auf jene Möglichkeiten richten, mit denen wir sie bzw. den Gesamtschärfeeindruck eines Bildes vor der Aufnahme positiv beeinflussen können. An erster Stelle ist da zu nennen, daß ein Bild viele gut definierte Kanten aufweisen muss, damit ein großer Schärfeeindruck entsteht. Dies bezieht sich genauso auf die Motivwahl, wie auf die technische Seite der Bildgestaltung.

Technisch können wir der Forderung nach vielen gut definierten Kanten und Grenzflächen durch die Vergrößerung des scharf abgebildeten Bereichs unterstützen. Also Kamera aufs Stativ und weit Abblenden, um maximale Schärfentiefe zu erzielen. Dies ist wichtig, denn sind die Kanten im Vordergrund nicht scharf, erscheint das ganze Bild leicht unscharf, es sei denn ein prominentes Motiv steht in einer anderen Ebene scharf hervor. Hochgeöffnete „schnelle" Objektive sind in dieser Hinsicht kontraproduktiv. Jenes f/1,4 24 mm, das einem Bildjournalisten den Tag retten mag, verleitet allzu oft dazu, kritische Bilder bei offener Blende aus der Hand aufzunehmen. Später sehen Sie dann, daß die im Orange der untergehenden Sonne badende Landschaft nur

Größere Kantenschärfe durch bessere Aufnahmetechnik

Abb. 4-48: Kleine Blende gleich Schärfentiefe von „vorn bis hinten"

Abb. 4-49: Große Blende gleich geringe Schärfentiefe und unscharfer Vordergrund

eine schmale wirklich scharfe Zone aufweist. Ein anderer Photograph mit einer weniger lichtstarken und billigeren Optik, der gezwungen gewesen wäre das Stativ einzusetzen, wäre wohl mit einem fesselnderen Bild belohnt worden. Sparen Sie sich also den Zuschlag, den diese Wunderdinger für jede zusätzliche große Blendenstufe kosten, lieber und verreisen Sie stattdessen einmal mehr. Oder leisten Sie sich ein zusätzliches kleines, aber leichtes Stativ aus Karbon, das Sie dann garantiert immer dabei haben. Dann brauchen Sie bei sich bietender Gelegenheit nicht auf Steine, Baumwurzeln oder leere Bierdosen zurückzugreifen, um längere Belichtungszeiten verwacklungsfrei durchzustehen.

Abbildungsschärfe III: Die Kantenschärfe

Größere Kantenschärfe durch aktive Bildgestaltung

Abb. 50: Wenige Kanten = geringer Schärfeeindruck

Abb. 50 weist nur wenige scharfgezeichnete Kanten auf und wirkt deshalb leicht unscharf und langweilig. Genau umgekehrt ist es in Abb. 51. Dort gibt es viele gut definierte Kanten, das Bild ist ganz und gar nicht langweilig und erzeugt einen im Vergleich größeren Schärfeeindruck. Aus dieser Gegenüberstellung können wir lernen, daß das oft beschworene „nah heran gehen" zu besseren (schärferen, abwechslungsreicheren) Bildern führt, weil man automatisch mehr klardefinierte Kanten und Grenzflächen im Bild hat, als wenn man

weit entfernt ist und nur eine mittlere Brennweite benutzt. Ein anderer Weg Abb. 50 schärfetechnisch auf die Sprünge zu helfen ist die dichte Einbeziehung eines scharf fokussierten Vordergrundobjekts. Diese Aufwertung funktioniert bei allen Aufnahmen entfernter Landschaften, wie die beiden Bilder vom Grand Canyon in Abb. 52 bzw. Abb. 53 auf der folgenden Seite zeigen.

Physiologisch sind darüber hinaus aber nicht alle Objekte und Objekt-

Abb. 51: Viele Kanten = großer Schärfeeindruck

Größere Kantenschärfe durch aktive Bildgestaltung

kanten gleich. Betrachten Sie Abb. 54 und Abb. 55. Beide zeigen eine entfernt im Dunst liegende Landschaft. Obwohl das satte Grün im Vordergrund im linken Bild schärfer erscheint als der Hintergrund, sprechen uns die roten und orangenen Blätter in der Aufnahme auf der rechten Seite noch stärker an und verhelfen dem Bild zu einem schärferen Eindruck. Das funktioniert nicht nur, weil die Farben an sich attraktiver sind, sondern weil unser visuelles System sie

Abb. 52: Grand Canyon Panorama ohne Vordergrund

Abb. 53: Grand Canyon mit schärfegebendem Vordergrund

physiologisch höher auflöst. Denn die Sehgruben in unseren Augen (Fovea centralis, jener Punkt auf der Netzhaut mit denen wir am schärfsten Sehen) sind exklusiv mit Rezeptoren bestückt sind, die für den mittel- und langwelligen Bereich des Spektrums empfindlich sind. Aus diesem Grund ist Grün nicht schlecht, aber gelbe und rote Objekte (und Kanten) erwecken den größeren Schärfeeindruck, weil wir sie aufgrund dieser Bestückung der Fovea centralis höher auflösen als andere. Unabhängig von der messbaren Auflösung eines Objektivs, eines Films oder eines Bildsensors erscheint uns ein Bild deshalb durch die Einbeziehung solcher Motivteile schärfer als ohne und wir haben ein Mittel, um beinahe jede dunstige Landschaftsaufnahme zu retten.

Abbildungsschärfe III: Die Kantenschärfe

Abb. 54: Wenig scharfer Eindruck durch die vorherrschenden Grün- und Gelbtöne.

Abb. 55: Subjektiv schärferer Eindruck durch die Einbeziehung von Rot und Orange.

Größere Kantenschärfe durch „scharfe Entwicklung"

Schwarzweißfilme müssen exakt für eine vom Hersteller vorgegebene Zeit und mit einer ebenfalls vorgeschriebenen Methode entwickelt werden, um eine als „richtig" definierte Schwär- zung zu erzielen. Nur unter diesen Voraussetzungen ist sichergestellt, daß jener Teil der Silberhalogenidkristalle zu Silber reduziert wird, der den Vorgaben entspricht. Wird davon abgewichen, verändert sich das Resultat in die eine oder andere Richtung. Verringert man beispielsweise die Bewegung während der Entwicklungsphase oder verzichtet gar ganz darauf, tritt eine Wirkung, auf die als **Kanteneffekt**

Größere Kantenschärfe durch „scharfe Entwicklung"

oder **Nachbarschaftseffekt** bezeichnet wird (manchmal auch als Eberhard-Effekt oder Kostinsky-Effekt). Sie wird in der analogen Dunkelkammer schon seit langer Zeit genutzt, um den Film auf maximale Kantenschärfe hin zu entwickeln. Damit können in vielen Fällen Ergebnisse erzielt werden, die in puncto Schärfe dem nächstgrößeren Format gleichkommen.

Die Vorgehensweise nutzt den Umstand, daß der Entwickler bei fehlender oder unzureichender Bewegung an einer stärker belichteten Filmstelle verbraucht wird und an einer schwächer belichteten nicht. So wandert immer mehr Entwickler über diese Hell-Dunkel-Grenze und befördert die Entwicklung auf der ohnehin schon stärker belichteten Seite. Umgekehrt wandern seine verbrauchten Bestandteile in die andere Richtung über die Grenze und verlangsamen dort die Entwicklung. Auf diese Weise entstehen helle Säume um dunkle Objekte und gleichzeitig dunkle Säume um helle Objekte (sogenannte Mackie-Linien). Die damit verbundene Kontraststeigerung den Kanten wird visuell als verbesserte Schärfe wahrgenommen. Allerdings können großflächige Motivteile durch die mit dem Bewegungsmangel einhergehende ungleichmäßige Entwicklung „verwolken". Darüber hinaus kann die Tonwertwiedergabe durch die allzu starke Beförderung des Kanteneffekts leiden und vielfach führt sie zu zwar sehr scharfem, aber vergrößertem Korn.

Prinzipiell tritt der Kanteneffekt mit fast allen Film/Entwickler Kombinationen auf, aber *Agfa Rodinal* ist aufgrund des enthaltenen p-Aminophenol besonders geeignet ihn zu erzielen. Mit diesem Entwickler spielt es nach Aussage vieler Nutzer beinahe keine Rolle mehr, ob während des Prozesses agitiert wird oder nicht. Der optimale Verdünnungsfaktor hängt allerdings stark vom angestrebten Vergrößerungsmaßstab ab. Und auch das Motiv spielt eine Rolle. Eine Vorgehensweise, die visuell wunderbar scharfe Porträts zaubert, kann für kontrastreiche Naturaufnahmen ungeeignet sein. Das Testen nach diesen Maßgaben ist also unerläßlich. Allerdings führt *Rodinal* zu größerer Körnigkeit.

Beim Farbfilm gibt es den verwandten **Interimage-Effekt** (auch Vertikaler Eberhard-Effekt). Hier verhindern DIR (Development Inhibitor Release)-Kuppler während der Entwicklung die Bildung weiteren Silbers in der Nachbarschaft stark belichteter Filmstellen, indem sie die Nebenfarbendichten durch Wechselwirkung zwischen zwei benachbarten Filmschichten ausgleichen. Auf diese Weise wird die Farbsättigung gesteigert, ohne Gesamt-

Abbildungsschärfe III: Die Kantenschärfe

kontrast und Belichtungsspielraum zu beeinträchtigen. Über die Natur der DIR-Kuppler kann der Kanteneffekt von Film zu Film individuell gestaltet werden.

Größere Kantenschärfe durch analoges Unscharf Maskieren

„Unscharf Maskieren", um einen visuell schärferen Bildeindruck zu erzielen – die Überschrift ist ein Widerspruch in sich, was? Aber es geht und der Begriff stammt aus der alten Zeit der analogen Dunkelkammer. Unscharf Maskieren bedeutet, daß ein Negativ mit einer unscharfen Maske von sich selbst kopiert wird, um die Kantenschärfe zu erhöhen.

Die Maske wird erstellt, indem man das Negativ auf einen anderen Film kopiert, um ein Positiv zu erhalten. Da spezielle Maskierungsfilme entweder nicht mehr verfügbar, schwer zu beschaffen oder sehr teuer sind, nutz man am zweckmäßigsten z.B. *Ilford Ortho Plus* oder *Kodak Tmax*. Original und Kopierfilm werden jeweils mit der Emulsionsseite nach oben übereinander gelegt, wobei das Originalnegativ nach ganz oben gehört. Um sie in der richtigen Lage zu halten, ist ein Kopierrahmen nützlich. Bei dieser Anordnung passiert das Licht zuerst die Emulsion des Originals und dann seine Trägerschicht, bevor es die Emulsion des Kopierfilms erreicht. Darin liegt der Trick, denn die Trägerschicht streut das Licht und sorgt so für die leichte Unschärfe der Maske. Typische Schichtstärken liegen bei 0,18 mm. Je höher dieser Wert ist, umso unschärfer fällt die Maske aus. Der Effekt kann variiert werden, indem man klare Plastikstreifen in unterschiedlichen Stärken zwischen Original und Kopie legt. Nach dem Kopiervorgang wird der Maskenfilm ganz normal entwickelt. Im zweiten Schritt wird die unscharfe Maske dann zusammen mit dem Ursprungsbild in den Vergrößerer eingelegt und gemeinsam mit ihm auf Photopapier kopiert. Damit beide in der Lage präzise übereinstimmen, ist es sinnvoll sie mit Stanze und Pin zu registrieren.

Damit die Maske gut ausfällt, muss sie richtig geplant sein. Dazu mißt man zuerst die Lichter und Schatten des Originals aus und berechnet ihren Dichteunterschied. Dann muss man abschätzen, um wieviel der Kontrast der Maske erhöht werden muss. Dies hängt vom Motiv, der eigenen Bildvorstellung und dem Geschmack ab, aber

Größere Kantenschärfe durch analoges Unscharf Maskieren

eine Anhebung um zwei Gradationsstufen ist eine gute Ausgangsbasis. Die Belichtungs- und Entwicklungswerte, die den angestrebten Effekt ergeben, hängen natürlich vom Filmmaterial, der Laborausrüstung und den Prozessbedingungen ab. Deswegen ist es wenig sinnvoll hier handfeste Zahlen zu nennen. Das Web, spezielle Fachliteratur oder am allerbesten ein Paxisworkshop sind dazu besser geeignet. Und letztlich geht ohne intensives Testen sowieso nichts.

Viel wichtiger ist es zu verstehen, warum die Vorgehensweise überhaupt funktioniert. Um das nachzuvollziehen, hilft uns Abb. 56. Sie zeigt das Negativ und die unscharfe Maske, die als Sandwich übereinander liegen. Darunter sind die Dichte des Positivs auf der Senkrechten und seine Bildstelle auf der Waagerechten dargestellt. Von links nach rechts erkennen wir bis zum Punkt 1 eine hohe Dichte im Negativ, die zu einer relativ geringen Dichte im Positiv führt. Zwischen Punkt 1 und Punkt 2 wirkt sich der unscharfe Rand der Maske aus. Er erhöht die Negativdichte bzw. vermindert sie im Positiv. Daher rührt der nach unten gerichtete Zacken in der Kurve. Am Punkt 2 kehrt sich dann alles um, weil das Negativ an dieser Stelle vom Lichterbereich (hohe Dichte) zum Schattenbereich (geringe Dichte) wechselt.

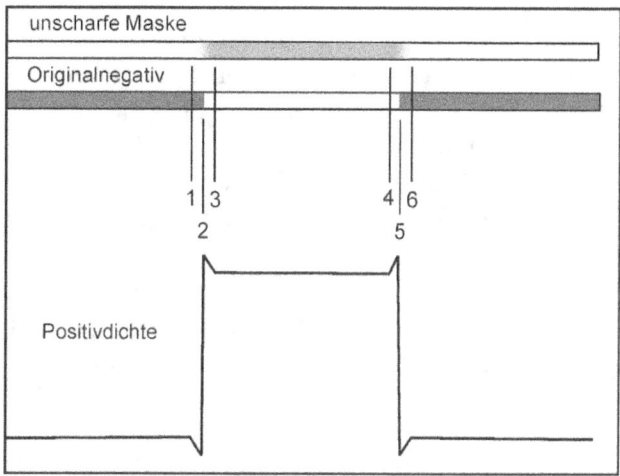

Abb. 56: Unscharfe Maske analog

Die Printdichte steigt also stark an. Die unscharfe Maske erreicht ihre maximale Dichte allerdings erst am Punkt 3 und deshalb fällt die Printdichte bis zu diesem Punkt wieder leicht ab. Das umgekehrte Verhalten erkennen wir zwischen Punkt 4 und Punkt 6. Die unscharfe Maske senkt die Positivdichte also auf der hellen Seite der Kante ab und erhöht sie auf der dunklen. Damit bewirkt sie einen schwachen Lichthof in der umgekehrten Helligkeit und Farbe dessen, was auf der anderen Seite der Grenzfläche ist. Wenn das Ganze bei Farbbildern nicht übertrieben wird, sehen wir die falsche Farbe im fertigen Bild nicht, wohl aber den Helligkeitsunterschied, weil unser visuelles System für Helligkeiten sensibler ist als für Farben.

Abbildungsschärfe III: Die Kantenschärfe

Bleibt noch anzumerken, daß der Unterschied zwischen dem ohne und mit Maske kopierten Original im direkten Vergleich der beiden Positive am augenfälligsten ist. Über den Schärfungseffekt hinaus dient die so angefertigte Maske auch dazu den Kontrastumfang des Originalnegativs zu reduzieren. Dies wird gern genutzt, um kontrastreiche Dias zu kopieren.

Größere Kantenschärfe durch digitales Unscharf Maskieren

Im Gegensatz zu analog aufgenommenen Bilder, bei denen Unscharf Maskieren eine Kann-Maßnahme ist, müssen Digitalbilder in jedem Fall nachgeschärft werden. Warum das so ist, hat zwei Gründe, die in der Natur der Bildsensoren liegen. Sie bestehen aus neben- und übereinander angeordneten Pixeln, die das Licht jeweils an einer kleinen Stelle des Sensors messen. Darüber hinaus bestimmen sie mit Ausnahme des *Foveon-Sensors* an einer Stelle immer auch nur eine Farbe, Rot, Grün oder Blau. Abb. 57 zeigt die Anordnung der Pixel auf einem solchen Sensor.

Abb. 58 und Abb. 59 verdeutlichen, was die Unterteilung des Bildes in Pixel für die Kanten bedeutet. Punkt 1 in Abb. 59 auf der Blattseite der Kante ist gelb. Punkt 2 auf der Hintergrundseite ist schwarz. Punkt 3 liegt genau auf der Kante. Wie die Sensorpixel diese Punkte aufnehmen, zeigt Abb. 58 . Pixel 1 empfängt gelbes Licht von Punkt 1 und registriert dies auch korrekt als gelb. Pixel 2 empfängt wenig oder gar kein Licht von dem dunklen Hintergrund und verzeichnet dies ebenfalls korrekt als schwarz. Pixel 3 liegt genau auf der Kante und empfängt deswegen zur Hälfte gelbes Licht vom Blatt und zur anderen Hälfte wenig oder gar kein Licht vom dunklen Hintergrund. Dummerweise kann der Pixel keine Abstufung zwischen Gelb und Schwarz darstellen sondern nur einen Farbton. Aus diesem Grund registriert er Grau. Im Gegensatz zu uns, die wir eine klar definierte gelb-schwarze Kante erkennen, sieht der Sensor eine weichere gelb-grau-schwarze Kante. Seine Pixelnatur hat also die Kantenschärfe herabgesetzt.

Der zweite Grund hat damit zu tun, wie die Digitaltechnik die Farbe zurückgewinnt. Wie schon angesprochen sind Pixel eigentlich farbenblind und registrieren nur Helligkeitswerte. Mit Hilfe der über dem Sensor angebrachten Filter werden sie für jenen

Größere Kantenschärfe durch digitales Unscharf Maskieren

Abb. 57: Pixelanordnung beim Bayer-Muster

Teil des Spektrums empfindlich gemacht, der der jeweiligen Grundfarbe entspricht, Rot, Grün oder Blau. Die Software, die die spätere Verarbeitung vornimmt, weiß, welcher Pixel mit welchem Filter versehen ist und kann ihm so den richtigen Farbwert zuweisen. Um das zu tun, schaut sie aber nicht nur diesen Pixel selbst an, sondern berücksichtigt auch die Helligkeitswerte seiner Nachbarn, die zwangsläufig andere Farbfilter besitzen, und berechnet daraus einen Mittelwert für ihn. Dieser Vorgang heißt Bayer Interpolation und kann die Kantenschärfe dort mindern, wo Farbübergänge vorkommen. Da, wo wir beispielsweise einen klaren Übergang zwischen Grün und Blau sehen, wird die Interpolation in der Regel eine Zwischenfarbe berechnen und die Kante damit verundeutlichen.

Aus diesen beiden Gründen ist eine Schärfung von Digitalbildern also un-

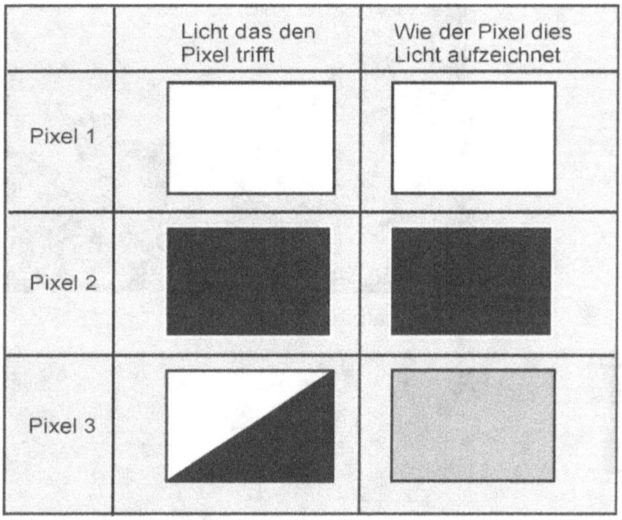

	Licht das den Pixel trifft	Wie der Pixel dies Licht aufzeichnet
Pixel 1		
Pixel 2		
Pixel 3		

Abb. 58: Pixel und wie sie Kanten aufzeichnen

bedingt nötig und einer von mehreren Wegen dazu ist der Unscharf maskieren Filtern.

Der **Unscharf Maskieren Filter** der digitalen Bildbearbeitung (in *Photoshop* zu erreichen über „Filter – Schärfzeichnungsfilter – Unscharf Maskieren") tut im Prinzip genau dasselbe, wie die

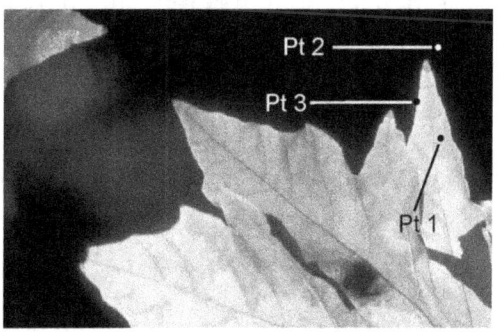

Abb. 59: Pixel und Kanten praktisch

Abbildungsschärfe III: Die Kantenschärfe

1. Originalbild

2. Ausschnitt in 100% Vergrößerung

3. Gaußscher Weichzeichner angewandt

4. Beide vorherigen Bilder (2 + 3) im Modus Differenzbild überlagert

Abb. 60: Bildkette Unscharf Maskieren

zuvor beschriebene Variante aus der nassen Dunkelkammer: den Kontrast zwischen aneinandergrenzenden Bereichen erhöhen, um die Kantenschärfe zu steigern. Das erste Problem, das der Algorithmus dazu meistern muss, ist die Kanten zwischen den Objekten zu bestimmen. Er muss in unserem Beispielbild in Abb. 60-1 herausfinden, welches Pixel zu einer Grenzfläche gehört und welches nicht. Dazu geht er in seiner Welt so vor, wie wir es in der analogen Dunkelkammer auch tun. Er erzeugt im Arbeitsspeicher eine Kopie des Bildes und wendet darauf den Gaußschen Unschärfefilter an (Abb. 60-3). Dann vergleicht er Original und Kopie im Hinblick auf die Helligkeit jedes Pixels und subtrahiert die Werte voneinander (Abb. 60-4). Je heller die Bildstellen in diesem Differenzbild sind (bzw. je größer das Subtraktionsergebnis ist), umso größer ist dort der Unterschied zwischen Original und Kopie (bzw. umso näher liegt das Pixel an einer Kante).

Nachdem der Filter weiß, an welchen Stellen die Kanten liegen, muss er die Helligkeit an beiden Seiten richtig anpassen. Dies geschieht immer proportional zum bereits vorhandenen Kontrast. Ein einheitlicher Bildbereich wird also nicht angetastet, einer mit hohem Kontrast ist dagegen am stärksten von der Schärfung betroffen. Die genaue Vorgehensweise bestimmen Sie über den Eingabedialog des Unscharf Maskieren Filters. Dort können Sie mit **Stärke**, **Radius** und **Schwellenwert** drei Parameter bestimmen und die Auswirkungen im Vorschaufenster sehen.

Die **Stärke** (1 bis 500 %) bestimmt darüber, wie viel Kantenkontrast hinzugefügt wird und wie viel scheinbare Schärfe man bekommt. Er regelt also, wie weit die Helligkeit der dunklen Bereiche abgesenkt bzw. die der hellen Bereiche angehoben wird. Ist der Eingabewert zu niedrig, ist keine Änderung zu bemerken. Ist er zu hoch, sind die invers hellen Lichthöfe (Halos) der Maske im geschärften Bild sichtbar und es erscheint künstlich.

Der **Radius** (0,1 bis 255 Pixel) bestimmt darüber, wie viel Unschärfe im Kantenfindungsprozess mit dem Gaußschen Unschärfefilter angewendet wird, wie scharf oder unscharf die Maske also ausfällt. Praktisch ist der Wert mit der Breite der Halos bzw. der Größe des abzudunkelnden/aufzuhellenden Bereichs gleichzusetzen, den die Maske produziert. Je größer er gewählt wird, umso größer wird der potentielle Helligkeitsunterschied und

Die Schärfung sollte der letzte Arbeitsschritt in der digitalen Bildbearbeitung sein. Aus diesem Grund tun Sie gut daran sie nicht Ihrer Digitalkamera zu überlassen, sondern sie mit Überlegung selbst vorzunehmen.

damit die Auswirkung des Filters sein. Unscharf Maskieren mit einer Stärke von 150 und einem Radius von 3 Pixeln wird das Bild also nachhaltiger beeinflussen als eine Einstellung von 150 und 0,3. Andersherum formuliert muss die Stärke umso größer gewählt werden, je geringer der Radius ist, um dieselbe Wirkung zu erzielen. Ein größerer Wert sorgt also grundsätzlich für einen offensichtlicheren Schärfungseffekt. Die Gestalt des Halos hängt darüber hinaus aber auch von der Natur des Motivs und dem bereits vorhandenen Kontrast ab.

Mit dem **Schwellenwert** (0 bis 255 Stufen) legen Sie fest, wie groß der Helligkeitsunterschied zwischen den Pixeln von Original und unscharfer Kopie sein muss, damit die Hellig-

Abbildungsschärfe III: Die Kantenschärfe

Abb. 61: USM-Einstellungen, ungeschärft

Abb. 62: USM-Einstellungen, optimale Schärfung

Abb. 63: USM-Einstellungen,
mit geringem Radius überschärft

Abb. 64: USN-Einstellungen, mit großem Radius
und großer Stärke überschärft

keitsanhebung bzw. Helligkeitsabsenkung dort ansetzt. Damit können Sie zufällige Details von der Schärfung ausnehmen und den Effekt für jene Bildbereiche reservieren, die tatsächlich herausstehen sollen. Man könnte auch sagen, der Parameter trennt das Signal vom Rauschen. Wird sein Wert zu gering eingestellt, fällt jede Kante und jeder Tonwertwechsel inkl. des Filmkorns der Schärfung anheim. Steht er dagegen zu hoch, werden keine Übergänge als Kanten gewertet und es findet keine Schärfung statt.

Weitere unerwünschte Nebeneffekte falscher Einstellungswerte sind

Größere Kantenschärfe durch digitales Unscharf Maskieren

Aliasing (Unterdrückung feiner Details auf der Ebene einzelner Pixel und daraus resultierende sichtbare Treppenbildung) und verstärktes Bildrauschen. Die Abbildungen 61, 62, 63 und 64 auf der vorangegangenen Seite zeigen, wie es sein sollte und wie nicht.

Abb. 61 zeigt einen Teil des ungeschärften Originals. Abb. 62 ist nahezu optimal geschärft, das heißt das Bild ist scharf, ohne daß die Artefakte störend hervortreten. Abb. 63 ist mit einem sehr geringen Radius überschärft und zeigt die unschöne harte Treppenbildung. In Abb. 64 sehen Sie die klassische Überschärfung mit zu großem Radius und zu hoher Stärke, die zu deutlich sichtbaren Lichthöfen führt. Die beiden letzten Bilder zeigen besonders gut, wie die Radius-Einstellung das Aussehen der Artefakte beeinflußt.

Der Radius ist also die zentrale Größe beim Unscharf Maskieren und deshalb sollten Sie mit ihm beginnen. Ein Bild, das viele feine Details aufweist, braucht eine geringere Radiuseinstellung als eins mit weniger feinen Strukturen. Fangen Sie mit Werten zwischen 1,0 und 1,5 an und verringern Sie die Einstellung bis evtl. 0,5 bei einem fein gezeichneten Bild bzw. erhöhen Sie sie bis 2,0 oder 4,0 bei einer grob strukturierten Abbildung. Kommen Sie aufgrund der Natur des Bildes mit einem geringen Radius aus, so werden die Lichthöfe schmal ausfallen und Sie brauchen eine große Stärkeeinstellung, um Wirkung zu erzielen. Umgekehrt sind sie bei einem großen Radius breit und Sie dürfen die Stärke nicht zu hoch ziehen, um die Halos nicht zu stark hervortreten zu lassen. Nachdem Sie Radius und Stärke zu Ihrer Zufriedenheit eingestellt haben verringern Sie den Schwellenwert bis das Korn, das Rauschen oder die anderen Artefakte hervorzutreten beginnen und heben ihn von diesem Punkt aus wieder ganz sacht an.

Einstellungsreihenfolge: Den Radius so gering wie möglich halten, die Stärke so weit anheben, bis das Bild gut aussieht und den Schwellenwert dann genau bis zu jenem Punkt anheben, an dem der Schärfungseffekt wieder aufgehoben wird.

Die optimalen Eingabewerte hängen zwar stark von den Besonderheiten des jeweiligen Bildes und dem Ausgabemedium ab (vor allem seiner Auflösung und Größe), aber dennoch will ich Ihnen ein paar praktikable Ausgangswerte nicht vorenthalten. Für ein Bild mit 300 ppi Auflösung haben sich Radiuswerte zwischen 1,2 und 2,0 bewährt. Die Stärke sollte zwischen 80 und 200 liegen. Generell brauchen gescannte Abbildungen von Dias höhere Schwellenwerte als direkt digital auf-

Abbildungsschärfe III: Die Kantenschärfe

genommene Bilder, um das Filmkorn zu unterdrücken. Das Rauschen ist bei guten Digitalkameras nicht mehr sehr auffällig. Grundsätzlich gilt: Was in der 50 % Ansicht minimal überschärft wirkt, wird im Druck oder in der Belichtung gut sein.

Bleibt abschließend festzuhalten, daß das Unscharf Maskieren zwar eine nicht zu schlechte Möglichkeit ist digitale Bilddaten aufzubereiten, aber auch einige erwähnenswerte systembedingte Nachteile aufweist:

- USM schärft das ganze Bild einheitlich in einem Rutsch. Photos bestehen aber aus vielen unterschiedlich gearteten Einzelheiten, die unterschiedliche Anforderungen an die Schärfung stellen. Eine Einstellung, die feine Details gerade richtig hervorhebt, wird für weniger detailliert gezeichnete Bildelemente zu schwach und für wieder Andere zu stark sein. Mit der Pauschalmethode wird das Bild also gleichzeitig richtig geschärft, zu wenig geschärft und zu stark geschärft.

- In Bilder mit merklichem Rauschen wird dieser unerwünschte Bestandteil per USM mitgeschärft und erscheint danach schlimmer als vorher. Natürlich können Sie in solchen Fällen den Schwellenwert anheben, verlieren dann aber automatisch andere feine Bilddetails.

- Die Anforderungen, die das Bild an die Schärfung stellt, kollidieren oft mit denen der Ausgabegeräte. Beispielsweise werden Sie Bilder mit vielen feinen Details auf der einen Seite nur zurückhaltend mit USM behandeln, um sie nicht zu überschärfen. Auf der anderen Seite wollen Sie die Datei aber in einem großen Format ausgeben und das erfordert eigentlich ein höheres Maß an Schärfung.

- USM kann zu unerwünschten Farbsäumen rund um geschärfte Kanten führen.

- Jede Schärfungsmethode destruktiv und mindert streng genommen die Bildqualität. Der Schaden, den USM anrichtet, ist zudem aber permanent und nicht zu einem späteren Zeitpunkt wieder rückgängig zu machen, um das Bild an ein anderes Format oder Ausgabemedium anzupassen.

Die digitale Welt wäre aber nicht was sie ist, wenn sie nicht andere Vorgehensweisen ersonnen hätte, die die beschriebenen Nachteile mehr oder weniger vermeiden. So gibt es mittlerweile zahllose andere Schärfungs-Möglichkeiten, die in dem einen oder anderen Fall bessere Ergebnisse liefern können. Digitales Schärfen hat sich zu einer Art eigenen Wissenschaft entwickelt und dementsprechend vielfältig sind die in zahlreichen Büchern publizierten Möglichkeiten.

5 Anhang

Inhalt

Anmerkungen
Literaturverzeichnis
Stichwortverzeichnis

Anhang

Anmerkungen

(1) Nach Daten auf http://hyperphysics.phy-astr.gsu.edu/hbase/vision/rodcone.html

(2) Nach Daten von Peter Wenderoth auf http://vision.psy.mq.edu.au/~peterw/csf.html

(3) Erstellt mit dem in Pelli, D. G.: Programming in PostScript: imaging on paper from a mathematical description. *Byte* Nr. 12: S. 185-202 (1987) beschriebenen PostScript-Programm

(4) Nach Daten von Mullen, K. T. *Journal of Physiology* Nr. 359: S. 381-400 (1985)

(5) *CameraLensNews* Nr. 10 (http://www.zeiss.com/C12567A8003B8B6F/EmbedTitelIntern/CLN10e/$File/cln10e.pdf)

(6) *The Ins and Outs of FOCUS*, Ottawa 1992, heute online verfügbar auf http://www.trenholm.org/hmmerk

(7) www.crystalcanyons.net/pages/TechNotes/R800Printer.shtml

(8) http://www.photo.net/photo/optics/lensTutorial

Literatur

Visuelle Wahrnehmung

Barlow, H. B., Mollon, J.: *The Senses*. Oxford University Press (1982)

Berkeley, G.: *Versuch über eine neue Theorie des Sehens*. Meiner (1987)

Bruce, V., Green, P. R., Georgeson, M.: *Visual perception: physiology, psychology and ecology*. LEA (1996)

Campenhausen, C. von: *Die Sinne des Menschen. Band 1: Einführung in die Psychophysik der Wahrnehmung*. Thieme (1981)

Cornsweet, T. N..: *Visual Perception*. Academic Press (1970)

Frisby, J. P.: Seeing: *Illusion, Brain And Mind*. Oxford University Press (1980)

Gregory, R. L.: *Auge und Gehirn*. Rowohlt (2001)

Harris, C. S.: *Visual Coding and Adaptability*. Erlbaum (1980)

Literaturverzeichnis

Held, R. (Hrsg.): *Recent Progress in Perception.* Freeman (1976)

Held, R., Richards, W.: *Perception: Mechanisms and Models.* Freeman (1972)

Kaufman, L.: *Sight and Mind: an Introduction to Visual Perception.* Oxford University Press (1974)

Levine, M. W.: Shefner, J. M.: *Fundamentals of Sensation and Perception.* Addison-Wesley (1981)

Livingstone, M. S., Hubel, D. H.: Psychophysical evidence for separate channels for the perception of form, colour, movement and depth. *Journal of Neuroscience* Nr. 7: S. 3416-3468 (1987)

Milner, P., Goodale, M. A.: *The visual brain in action.* Oxford University Press (1995)

Riggs, L. A., Ratliff, E., Cornsweet, T. N.: The disappearance of steadily fixated visual test objects. *Journal of the Optical Society of America* Nr. 43: S. 459 (1953)

Rock, I.: *An Introduction to Perception.* Macmillan (1975)

Sekuler, R., Blake, R.: *Perception.* McGraw Hill (1994)

Wallach, H.: *On Perception.* Quadrangle Books (1976)

Neurophysiologie

Godde, B., Dinse, H.: Plasticity of orientation preference maps in the visual cortex of adult cats. *Proceedings of the National Academy of Sciences* Bd. 99: S. 6352-6357

Blakemore, C.: *Mechanics of the Mind.* Cambridge University Press (1977)

Blakemore, C., Tobin, E. A.: Lateral Inhibition between orientation detectors in the cats visual cortex. *Experimental Bain Research* Nr. 15: S.439-440 (1972)

Blakemore, C., Cooper, G. C.: Development of the brain depends on the visual environment. *Nature* Nr. 228: S. 477-478 (1970)

Carter, R.: *Mapping the Mind.* University of California Press (1998)

Cynander, M., Timney, B. N., Mitchell, D. E.: Period of susceptibility of kitten visual cortex to the effects of monocular deprivation extends beyond six months of age. *Brain Research* Nr. 191: S. 545-550 (1980)

Dawkins, R., Norton, W. W.: *Climbing Mount Improbable.* Rowohlt (1998)

Dowling, J. E.: *The retina – an approachable part of the brain.* Harvard University Press (1987)

Anhang

Düweke, P.: *Kleine Geschichte der Gehirnforschung - Kurzbiographien wichtiger Hirnforscher von René Descartes über Cécile und Oskar Vogt bis zu John Eccles.* C.H. Beck (2001)

Edelmann, G. M.: *Gehirn und Geist. Wie aus Materie Bewusstsein entsteht.* dtv (2004)

Edelmann, G. M.: *Unser Gehirn - ein dynamisches System: Die Theorie des neuronalen Darwinismus und die biologischen Grundlagen der Wahrnehmung.* Piper (1993)

Foley, J. P. jr.: An experimental investigation of the effects of prolonged inversion of the visual field in the rhesus monkey. *Journal of Genetics and Psychology* Nr. 56: S. 21-55 (1940)

Gegenfurtner, K. R.: *Gehirn & Wahrnehmung.* Fischer Taschenbuch Verlag (2003)

Greenfield, A.: *Reiseführer Gehirn.* Spektrum Akademischer Verlag (2003)

Gregory, R. L.: *The Oxford Companion the the Mind.* Oxford University Press (1987)

Hubel, D. H.: *Eye, Brain and Vision.* Scentific American Library (1995)

Hubel, D. H., Wiesel, T. N.: Receptive fields and functional architecture in two non-striate visual areas (18 and 19) of the cat. *Journal of Physiology* Nr. 28 (1965)

Hubel, D. H., Wiesel, T. N.: Receptive fields of single neurons in the cat's striate cortex. *Journal of Physiology* Nr. 148 (1959)

Hubel, D. H., Wiesel, T. N.: Receptive fields, binocular interaction and functional architecture in the cat's visual cortex. *Journal of Physiology* Nr. 160 (1962)

Hubel, D. H.: *Effects of deprivation on the visual cortex of cat and monkey.* In: Harvey Lectures, Series 72, Academic Press (1978)

Hüther, G.: *Bedienungsanleitung für ein menschliches Gehirn.* Vandenhoeck & Ruprecht (2002)

Jung, R., Kornhuber, H. H. (Hrsg): *Neurophysiologie und Psychophysik des visuellen Systems.* Springer (1961)

Kuffler, S. W., Nicholls, J. G.: *From Neuron to Brain.* Sinauer (1976)

Kuffler, S.: Discharge patterns and functional organization of the mammalian retina. *Journal of Neurophysiology* Nr 16 (1953)

Merlin, D.: *Origins of Modern Mind: Three Stages in the Evolution of Culture and Cognition.* Harvard University Press (1991)

Mishkin, M., Ungerleider, L. G., Macko, K. A.: Object vision and spatial vision: Two central pathways. *Trends in Neuroscience* Nr. 6: S. 414-417 (1983)

Literaturverzeichnis

O'Shea, M.: *Das Gehirn, Eine Einführung.* Reclam, Stuttgart (2008)

Schmidt, R. F., Schaible, H. G.: *Neuro- und Sinnesphysiologie.* Springer (2001)

Singer et all: *Neuronal representations and temporal codes.* In: Poggio, T. A. & Glaser, D. A. (Hrsg.) Exploring brain functions: Models in neuroscience (1993)

Tovee, M. J.: *The Speed of Thought. Information Processing in the Cerebral Cortex.* Springer Verlag (1987)

Ungerleider, L. G., Haxby, J. V., „What" and „where" in the human brain. *Current Opinion in Neurobiology* Nr. 4: S. 157-165 (1994)

Yarbus, D. L.: *Eye movements and vision.* Plenum Press (1967)

Zeki, S. M.: *A vision of the brain.* Blackwell (1993)

Zeki, S.: *Inner Vision.* Oxford University Press (2003)

Visuelle Schärfe und Auflösungsvermögen

Atchison D. A., Smith G., Efron N.: The effect of pupil size on visual acuity in uncorrected and corrected myopia. *American journal of optometry and physiological optics* Nr. 56: S. 315-323 (1979)

Bailey I. L. and Lovie J.E.: New design principles for visual acuity letter charts. *American journal of optometry and physiological optics* Nr. 53: S.740-745 (1976)

Campbell FW, Green DG.: Optical and retinal factors affecting visual resolution. *Journal of Physiology* Nr. 181: S. 576–593 (1965)

Campbell FW, Gubisch RW.: Optical quality of the human eye. *Journal of Physiology* Nr. 186: S. 558–578 (1966)

Campbell, F. W., Robson, J. G.: Application of Fourier analysis to the visibility of gratings. *Journal of Physiology* Nr. 197: S. 551-566 (1968)

Green D. G.: Regional varitations in the visual acuity for interference fringes on the retina. *Journal of Physiology* Nr. 207: S. 351-356 (1970)

Lamming D.: *Spatial Frequency Channels.* Chapter 8 in: Cronly-Dillon, J., Vision and Visual Dysfunction, Vol 5. Macmillan Press (1991)

Mills S. L., and Massey S. C.; AII amacrine cells limit scotopic acuity in central macaque retina: A confocal analysis of calretinin labeling. *Journal of Comparative Neurology* Nr. 411: S. 19-34 (1999)

Anhang

Roorda A and Williams D. R.: The arrangement of the three cone classes in the living human eye. *Nature* Nr. 11: S. 520-522 (1999)

van Nes F. L., Bouman M. A.: Spatial modulation transfer in the human eye. Journal of the optical Society of America Nr. 57: S. 401-406 (1967)

Waugh S. J., Levi D.M.: Spatial alignment across gaps: contributions of orientation and spatial scale. *Journal of the optical Society of America* Nr. 12: S. 2305-2317 (1995)

Westheimer G.: *Visual acuity and spatial modulation thresholds.* In: Handbook of Sensory Physiology. Visual Psychophysics. Vol 7. Jameson D., Hurvich L. M. (Hrsg.), Springer (1972)

Westheimer G.: *Visual Acuity.* Chapter 17 in: Moses, R. A. and Hart, W. M. (Hrsg.) Adler's Physiology of the eye, Clinical Application. The C. V. Mosby Company (1987)

Photographie

Adams, A., Baker, R.: *Das Negativ.* Verlag Christian (1998)

Adams, A., Baker, R.: *Das Positiv als photographisches Bild.* Verlag Christian (1998)

Adams, A., Baker, R.: *Die Kamera.* Verlag Christian (2000)

Clements, J.: *Digitale Landschaftsfotografie.* Rowohlt (2003)

Cornish, J., Waite, C.: *Light and the Art of Landscape Photography.* AMPHOTO (2003)

Ctein: *Post Exposure.* Focal Press (2000)

Dasai, A., Russel. S.: *Essentials of Digital Photography.* New Riders Publishing (1997)

Davies, A., Fennesy, P.: *Digital Imaging for Photographers.* Focal Press (1998)

Eastman Kodak Company: *Digital Imaging Fundamentals – CD Training Series.* (1994)

Erickson, B., Romano, F.: *Professional Digital Photography.* Prentice Hall (1999)

Farace, J.: *Digital Imaging: Tips, Tools and Techniques.* Focal Press (1998)

Feininger, A.: *Andreas Feiningers Grosse Fotolehre.* Heyne (2001)

Fielder, J.: *Photographing the Landscape: The Art of Seeing.* Westcliffe Publications (1996)

Fitzharris, T.: *The Sierra Club Guide to 35 mm Landscape Photography.* Sierra Club Books (1994)

Gombrich, E. H.: *Art and illusion.* Phaidon (1959)

Literaturverzeichnis

Hope, T.: *Landscape: The World's Top Photographers and the Stories Behind Their Greatest Images.* Rotovision (2003)

Johnson, S.: *Stephen Johnson on Digital Photography.* O'Reilly (2006)

Kemp, M.: *The Science of art: optical themes in Western art from Brunelleschi to Seurat.* Yale University Press (1990)

Langford, M.: *Advanced Photography.* Focal Press (1998)

Mante, H., Neumann, J. H.: *Objektive kreativ nutzen.* Verlag Photographie (1986)

Marchesi, J. J.: *Handbuch der Fotografie - Band 1.* Verlag Photographie (1999)

Marchesi, J. J.: *Handbuch der Fotografie - Band 2.* Verlag Photographie (1999)

Marchesi, J. J.: *Handbuch der Fotografie - Band 3.* Verlag Photographie (1999)

Marchesi, J. J.: *Photokollegium Teil 1.* Verlag Photographie (1991/92)

McClelland, D., Eismann, K.: *Real World Digital Photography: Industrial Techniques.* Peachpit Press (1999)

Peterson, B. F.: *Learning to See Creatively: Design, Color & Composition in Photography.* Watson-Guptill (2003)

Peterson, B.: *Understanding Exposure.* AMPHOTO (1990)

Ray, S.: *Applied Photographic Optics.* Focal Press (1988)

Rowell, G.: *Mountain Light.* Sierra Club Books (1995)

Rowell, G.: *Galen Rowell's Vision.* Sierra Club Books (1993)

Schaefer, J. P.: *Basic Techniques of Photography.* Little, Brown and Company (1993)

Sigrist, M, Stolt, M.: *Die große Objektiv Fotoschule.* Umschau Buchverlag (2001)

Stroebel, L.: *View Camera Technique.* Focal Press (1999)

Stroebel, L., Compton, J., Current, I., Zakia, R.: *Basic Photographic Materials And Processes.* Focal Press (2000)

Stroebel, L., Zakia, R. (Hrsg.): *The Focal Encyclopedia of Photography.* Focal Press (1993)

Tillmanns, U.: *Fotolexikon - 1367 Fachbegriffe.* Verlag Photographie (1991)

Tillmans, U.: *Kreatives Grossformat – Grundlagen und Anwendungen.* Verlag Photographie (1992)

Tillmans, U.: *Kreatives Grossformat – Naturlandschaften.* Verlag Photographie (1994)

Walter, T.: *MediaFotografie analog & digital.* Springer (2005)

Anhang

Weber, E. A.: *Sehen, Gestalten und Fotografieren.* de Gruyter (1979)
White, J.: *The birth and rebirth of pictorial space.* Faber and Faber (1967)
White, R.: *How Computers Work.* QUE (1998)
Wolfe, A., Davidson, A.: *Edge of the Earth, Corner of the Sky.* Wildlands Press (2003)
Zakia, R.: *Perception and Imaging.* Focal Press (1997)

Stichwortverzeichnis

A

Abbildungssystem, vereinfachtes 36
Aberration 3, 16, 26, 35, 69, 74, 75, 76, 77, 78, 79, 82, 83, 85, 95
  Astigmatismus 76
  chromatische 74
  Koma 76
  sphärische 75
  Verzeichnung 77
Airy, Sir George Biddell 12
Airy-Scheibchen 12, 15, 78
Airy Disk. *Siehe* Airy-Scheibchen
Akkomodation 20
Aliasing
  Beispiel 103
Anti-Aliasing-Filter 84, 102
Auflösung 10, 11, 14, 15, 18, 19, 22, 23, 34, 64, 65, 84, 89, 95, 97, 101, 103, 107, 108, 110, 111, 112, 113, 114, 115, 116, 117, 118, 119, 121, 122, 129, 139
Auflösungs-Sehschärfe 11, 12, 30
Auflösungsvermögen
  der analogen Bildträger 99
  der digitalen Ausgabegeräte 110
  der elektronischen Bildträger 101
  der Optiken 95
  durchschnittliches 30
  eines Abbildungssystems 114
  individuelles 31
Aufnahmeentfernung 3, 6, 35, 51, 53, 55, 148

Aufnahmeformat 3, 6, 35, 65, 67, 69, 71, 80, 81, 89
Augenkrankheiten
  Alterssichtigkeit 20
  Astigmatismus. *Siehe* Stabsichtigkeit
  Grauer Star. *Siehe* Trübung d. Augenlinse
  Katarakt. *Siehe* Trübung d. Augenlinse
  Kurzsichtigkeit 20
  Myopie. *Siehe* Kurzsichtigkeit
  Presbyopie. *Siehe* Alterssichtigkeit
  Stabsichtigkeit 20
  Trübung der Augenlinse 21
  Weitsichtigkeit 20

B

Bayer-Muster 84, 85, 105, 107, 108, 109, 135
Besselfunktion erster Ordnung 79
Beugung 3, 7, 12, 13, 15, 21, 26, 35, 38, 69, 74, 75, 77, 78, 79, 81, 83, 84, 85, 95
  Beugungsmuster 12, 13, 78
Beugungsscheibchen und Wellenlängen 84
Bildwinkel 65, 66, 67, 68
  diagonaler 66
  vertikaler 66
Blende 3, 6, 12, 13, 21, 35, 41, 42, 44, 47, 48, 49, 50, 51, 53, 56, 57, 58, 59, 60, 61, 64, 65, 68, 69, 70, 73, 74, 75, 77, 78, 79, 80, 81, 82, 83, 84, 85, 86, 87, 88, 89, 95, 96, 97, 98, 126, 148

Anhang

Brennweite 3, 6, 18, 19, 35, 37, 43, 44, 45, 46, 47, 48, 50, 54, 55, 56, 57, 58, 59, 60, 61, 65, 66, 67, 68, 69, 70, 71, 72, 73, 75, 80, 85, 88, 98, 128, 148

C

Campbell-Robson CSF Chart 25, 27
Center/Surround Organisation 11, 33, 34
Color Filter Array 105

D

Demosaicing-Prozess 105
Dioptrien 19
Dithering 111

E

Eberhard-Effekt. *Siehe* Kanteneffekt
Entfernungsskala 71, 72
Erkennungs-Sehschärfe 11

F

Fokus 3, 35, 36, 37, 38, 39, 54, 62, 66, 73, 126
Fokusfehler 38, 43, 44, 46, 62, 70
Fokuspunkt 3, 6, 35, 39, 48, 54, 56, 59, 60, 61, 63, 65, 67, 70, 71, 72, 87
fortlaufende Schärfentiefe 62
Fovea centralis. *Siehe* Sehgrube
Foveon 107, 108, 109, 134
Fraunhofersches Beugungsmuster 13

H

Hauptebenen 38
Hornhaut 19, 30
Hyper-Sehschärfe 12
Hyperfokaldistanz 46, 59, 60, 61, 63, 68, 88
hyperfokale Einstellung 61, 62, 63, 88

I

Interimage-Effekt 131

J

Jacobson, David 123

K

Kanteneffekt 130, 131, 132
Kell, Raymond D. 104
Kell-Faktor 4, 91, 104, 105, 108
Kontrastempfindlichkeitskurve 24, 25, 26
Kontrastübertragungsfunktion 4, 91, 92, 93, 94, 96, 98, 100
Konturenschärfe 3, 6, 7, 32, 33
Körnigkeit 99, 131
Kostinsky-Effekt. *Siehe* Kanteneffekt
Kuffler, Stephen 32

L

Landoltring 29
Laserbelichter 4, 91, 113
Linse 19, 20, 30, 36, 37, 38
Linsenformel 37

Stichwortverzeichnis

Lord Rayleigh. *Siehe* Strutt, John William

M

Machsche Streifen 32
Merklinger, Harold M. 63
Minimalerkennbare-Sehschärfe 12
MTF-Diagramm 96

N

Nachbarschaftseffekt. *Siehe* Kanteneffekt
Nah-Unendlichpunkt. *Siehe* Hyperfokaldistanz
Negativfilm 5, 40, 42, 81, 86, 122, 132, 133, 146
Nervensystem 9, 33
Nervenzellen 10
Netzhaut 8, 15, 22, 26, 29
Netzhaut, Informatiosnverarbeitung in der
   Center/Surround Organisation 11, 33, 34
   Ganglienzelle 19, 26, 33
   Konvergenz 19
   Was-Kanal 28
   Wo-Kanal 23, 28
Nyquist, Harry 101
Nyquist-Frequenz 102, 103, 108, 121
Nyquist-Shannon-Abtasttheorem 101

O

Objektfeld-Methode 63

P

Photorezeptoren 8, 10, 11, 15, 16, 17, 18, 19, 22, 26
   Stäbchenrezeptoren 15, 19
   Zapfenrezeptoren 15, 16, 18, 19, 22
Piper, C. Welborne 62
Pupille 21
Pupillengröße 21, 22, 50

R

Rayleigh-Kriterium 14, 18
Retina. *Siehe* Netzhaut
Rowell, Galen 5

S

Sagittale und Tangentiale Linien 97
Schärfedehnung nach Schimpflug 82
Schärfentiefe
   Programme zur Berechnung der 89
   und Abbildungsmaßstab 58
   und Aufnahmeentfernung 51
   und Aufnahmeformat 65
   und Blende 48
   und Brennweite 54
   und Fokuspunkt 59
Schärfentiefeskala 69, 70, 71, 72, 73
   Ermittlung des Zerstreuungskreisdurchmessers 73
   Tiefenpsychologie der 70
Schnelle Fourier-Transformation 114
Schwellenwertkurve 24, 25
Sehgrube 11, 15, 19
Sehnerv 15, 19
Sehtest 28, 29, 30, 31, 117

Anhang

Shannon, Claude Elwood 101
Sichtbarkeitskurve. *Siehe* Kontrast-
empfindlichkeitskurve
Signal-Rausch-Verhältnis 109, 110
Strutt, John William 14
Sweet Spot und Aufnahmeformate 81

T

Thermosublimationsdrucker 4, 91,
113
Tiefpassfilter. *Siehe* Anti-Aliasing-Filter
Tintenstrahldrucker 4, 91, 110, 111,
113

U

Umkehrfilm 5
Unscharf Maskieren 132, 134, 135,
137, 139, 140
  analoges 132
  Auswirkung der Einstellwerte 138
  digitales 134
  Einstellwert Radius 137
  Einstellwert Schwellenwert 137
  Einstellwert Stärke 137
  Verständnis des 136
Unscharf Maskieren Filter 135

V

Vernier-Sehschärfe. *Siehe* Hyper-Sehschärfe
Vertikaler Eberhard-Effekt. *Siehe* Interimage-Effekt
visuelle Schärfe 3, 6, 7, 8, 9

Z

Zerstreuungskreis 3, 35, 38, 39, 40, 41,
43, 44, 46, 63, 64, 65, 69, 70, 79,
80, 81, 83, 86, 95, 116, 119
Zerstreuungskreisdurchmesser 39,
40, 41, 42, 47, 57, 58, 64, 65, 68,
70, 71, 72, 74, 86, 87, 88, 89, 119,
122, 123, 148

In dieser Reihe ebenfalls erschienen

Der 1. Band der Reihe *Photo*Wissen befaßt sich mit elementaren Fragen aus visueller Wahrnehmung und photographischer Bildentstehung.

Wie arbeitet unser Gesichtssinn zwischen Auge und Gehirn? Wie entstehen photographische Abbildungen? Wieso nehmen wir unsere Umwelt dreidimensional wahr? Welche Faktoren müssen wir berücksichtigen, um die Raumtiefe in unseren Photos zu transportieren? Woran orientiert sich unsere Wahrnehmung der Objektgrößen und die Abbildung derselben? Am Ende steht eine physiologisch begründete Schlußfolgerung dazu, was wir in der Photographie tun sollten, um visuell gute

*Photo*Wissen 1 Bildenstehung, Raumtiefe, Größe, 136 Seiten
78 Abbildungen, davon 38 in Farbe

Der 2. Band der Reihe *Photo*Wissen befaßt sich mit den visuellen und technischen Grundlagen von Helligkeit und Farbe.

Wie nehmen wir Helligkeit und Farbe wahr? Warum nehmen wir unsere Umwelt farbig wahr? Existiert ohne uns eine farbige Welt? Wie reproduzieren wir Helligkeits- und Farbeindrücke? Warum ist Farbmanagement nötig und wie funktioniert es? Wie erzeugen die photographischen Bildträger Helligkeit und Farbe? Welche Hinweise können wir aus der Arbeit des visuellen Systems für die Bildgestaltung ziehen?

*Photo*Wissen 2 Helligkeit und Farbe, 136 Seiten
90 Abbildungen, davon 67 in Farbe

Band 3 der Reihe *Photo*Wissen beleuchtet das Themenfeld Kontrast.

Was ist Kontrast und wie bestimmt man ihn? Warum ist der Kontrast für unsere visuelle Wahrnehmung entscheidend? Wie groß ist das Kontrastvermögen des visuellen Systems und von welchen Faktoren hängt es ab? Wie viele Tonwerte können wir in einem Photo wahrnehmen? Welche Erwartungen haben wir an die Kontrastreproduktion einer Photographie? Wie erfüllen wir diese Erwartungen in der analogen bzw. digitalen Photographie? Wovon hängt das Kontrastvermögen unserer Bildträger ab? Was hat es mit der Gammakorrektur auf sich? Welche Rolle spielt der Kontrast für die Belichtungsmessung?

*Photo*Wissen 3 Kontrast, 136 Seiten
78 Abbildungen, davon 24 in Farbe

Der 5. Band der Reihe *Photo*Wissen befaßt sich mit dem Licht, dem elementaren Bestandteil der Photographie.

Was ist Licht? Wie können wir es beschreiben und erzeugen? Wie ist die Beziehung zur Sonne, unserer Hauptlichtspenderin, beschaffen? Worauf basieren die photographisch bedeutsamen Lichtphänomene in der Atmosphäre? Was müssen wir beachten, um den Mond als Motiv ins Bild zu setzen oder als Lichtspender zu nutzen? Wie können wir die Sterne photographisch abbilden? Wie können wir die astronomischen Gegebenheiten für das beste Licht arbeiten lassen?

*Photo*Wissen 5 Natürliches Licht, 120 Seiten
60 Abbildungen, davon 20 in Farbe

www.ingramcontent.com/pod-product-compliance
Lightning Source LLC
Chambersburg PA
CBHW082331220526
45470CB00008B/2470